国外高等院校建筑学专业教材

建筑CAD设计方略
——建筑建模与分析原理

[英]彼得·沙拉帕伊 著　　吉国华 译

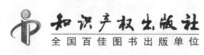
知识产权出版社
全国百佳图书出版单位

中国水利水电出版社
www.waterpub.com.cn

内容提要

　　本书旨在帮助有兴趣的设计专业学生和设计人员理解 CAD 是如何应用于建筑实践之中的。本书把常见 CAD 系统中的基本操作与建筑设计项目实践中的应用相联系，并且用插图的形式展示了 CAD 在几个前沿建筑设计项目之中的应用。

　　本书分为 8 部分，共 28 章，包括绪论、CAD 建模和分析、CAD 物体、CAD 操作、由 CAD 物体发展建筑形式、参数化设计、设计协同能力、总结，书中包含了当代国际上多个建筑设计项目，并附有百余幅插图。

　　本书可供高等院校建筑专业的师生以及建筑设计单位的设计研究人员参考使用。

责任编辑：段红梅　张　冰

图书在版编目（CIP）数据

　　建筑 CAD 设计方略：建筑建模与分析原理／（英）沙拉帕伊（Szalapaj，P.）著；吉国华译 . —北京：知识产权出版社：中国水利水电出版社，2012.8

　　书名原文：CAD Principles for Architectural Design

　　国外高等院校建筑学专业教材

　　ISBN 978 - 7 - 5130 - 1257 - 7

　　Ⅰ.①建…　Ⅱ.①沙…②吉…　Ⅲ.①建筑设计：计算机辅助设计 - AutoCAD 软件 - 高等学校 - 教材　Ⅳ.①TU201.4

　　中国版本图书馆 CIP 数据核字（2012）第 068305 号

　　原书名：CAD Principles for Architectural Design
　　This edition of CAD Principles for Architectural Design by Peter Szalapaj is published by arrangement with Elsevier Science Ltd, The Boulevard, Langford Lane, Kidlington, OX5 1GB, England.

　　本书由 BUTTERWORTH-HEINEMANN 正式授权知识产权出版社和中国水利水电出版社在全世界以简体中文翻译、出版、发行。未经出版者书面许可，不得以任何方式和方法复制、抄袭本书的任何部分，违者皆须承担全部民事责任及刑事责任。本书封面贴有防伪标志，无此标志，不得以任何方式进行销售或从事与之相关的任何活动。

国外高等院校建筑学专业教材

建筑 CAD 设计方略——建筑建模与分析原理

[英] 彼得·沙拉帕伊　著　　吉国华　译

出版发行：知识产权出版社　中国水利水电出版社

社　　址：北京市海淀区马甸南村 1 号　　　　邮　　编：100088
网　　址：http：//www.ipph.cn　　　　　　　邮　　箱：bjb@cnipr.com
发行电话：010 - 82000860 转 8101/8102　　传　　真：010 - 82005070/82000893
责编电话：010 - 82000860 转 8024　　　　　责编邮箱：zhangbing@cnipr.com
印　　刷：知识产权出版社电子印制中心　　经　　销：新华书店及相关销售网点
开　　本：787mm×1092mm　1/16　　　　　印　　张：13.75
版　　次：2006 年 1 月第 1 版　　　　　　　印　　次：2012 年 8 月第 2 次印刷
定　　价：33.00 元　　　　　　　　　　　　字　　数：318 千字

京权图字：01 - 2002 - 5023
ISBN 978 - 7 - 5130 - 1257 - 7/TU·051（4141）

"通用的全能可变换模式，如今切实能让普通人理解从物理现象的相关实验中得到的科学知识。在此之前，科学知识仅被转换成完全抽象化的数学图示，这些图示是通过符号化和公式化的分析、研究和表示形成的。"

——巴克敏斯特·富勒，《协同》，1975 年
(Buckminster Fuller，*Synergetics*，1975)

谨以此书献给我的母亲和父亲。

译序

  《建筑 CAD 设计方略——建筑建模与分析原理》(CAD Principles for Architectural Design)是彼得·沙拉帕伊(Peter Szalapaj)所著的一本关于建筑设计中 CAD 应用原理与方法的著作,出版于 2001 年。

  本书的目的在于帮助建筑学院的学生以及建筑设计单位的设计师去理解与建筑设计中的 CAD 应用有关的一些基本原理。作者采用了大量的例子,向我们展示了当今 CAD 在建筑设计中的各种应用,包括在一些非常尖端的建筑设计案例中的应用。作者并没有具体介绍某种或某些 CAD 软件的使用方法,而是一般性地介绍了各种应用的原理和方法。一旦了解了这些方法,读者就可以在使用具体软件时相应地采用适当的命令和功能来进行设计。因而,本书既实用又非常具有启发性。

  全书共分为八部分。第一部分为绪论,强调了建模的重要性。第二部分介绍了 CAD 建模在各种建筑分析中的应用原理。第三部分和第四部分分别介绍了 CAD 建模所需的各种物体和操作。第五部分则详细介绍了应用 CAD 物体和操作构造建筑模型的方法。第六部分介绍的参数化设计建模及用户功能定义是 CAD 建模中的高级方法。第七部分应用大量实例介绍了以 CAD 建模为基础的设计协作方法,特别是在一些尖端的建筑项目中应用。最后一部分为全书的总结。

  本书主要关注的是 CAD 在设计中的运用,其核心前提是认为设计的意图决定了在 CAD 环境中为建筑形式进行建模的方法。而表达基本的建构设计理念要比生产那些看似精致却往往模糊了设计概念的效果图重要得多。建筑师需要尽可能直接地将他们的意图表达出来以便把设计方案的主要特征展示给客户和与之合作的设计专家。借助现代计算机硬件和软件技术方面的进步,CAD 可以帮助建筑师实现这一目标,它已逐渐成为一种应用于设计全过程的媒介,而不再只是后设计阶段的一个制图工具。本书有意识地着力于从设计的观点而不是技术的观点来看待 CAD。技术性观点的焦点在于媒介或者是技术,而设计的观点则关注于支持设计表达的技术所能提供的可能性。因而,设计师的建筑理念应该成为组织和创建 CAD 模型的核心。

  本书由浅入深地对 CAD 建模的各个方面和各种方法进行了阐述。虽然它针对的是学习建筑学的低年级学生,但它同样适用于建筑学的高年级学生以及研究生,对建筑设计师在建筑实践中的 CAD 应用也必将深有启发。希望通过本书的翻译,可以使我国的建筑学学生和设计师对国外最新的 CAD 应用有所了解,并可以从中学到 CAD 应用的原理与方法。希望我们的 CAD 应用也能走出纯粹的绘图(包括效果图),进入到设计的全阶段,特别是方案设计阶段。

由于时间较紧,加上译者水平有限,错误在所难免。另外,由于许多专业术语未有准确对应的中文译法,也增加了翻译的困难。欢迎读者指正。

王莉娟为本书的前 20 章进行了初译,吴建萍录入了全书的文字并进行了校正,在此一并表示感谢。

吉国华

某种程度上，建筑学中 CAD 的发展是一个杂乱无序的历史。20 世纪 60 年代和 70 年代的早期开发就包括了建筑形式的计算机建模，它对一系列与建筑物性能和可建造性有关的分析提供支持。这些开发的进行是将用户包括在一起的，都雄心勃勃并耗资巨大，而产品只服务于主持开发的设计单位（这在住宅和医院建筑中非常活跃）。那时发现的问题是，建筑实践是变化无常的，建模系统无法统一起来以服务于更多的设计单位。

后来，在 80 年代和 90 年代，随着计算机体积变小、价格降低，新的开发开始面向整个市场，例如包括了所有建筑师的市场。市场经济使得计算机编程人员与最终用户之间的距离非常遥远。其结果是，新的开发不再那么雄心勃勃，它们只提供不带有任何描述信息的绘图及渲染系统。人们又用了很长的时间才返回到设计建模与分析这个方面。

正是在这样的背景下，彼得·沙拉帕伊（Peter Szalapaj）有一些重要的东西要在这本书中阐述。他确定了一系列的 CAD 原理，通过这些原理，可以了解由设计师决定的特定的建模策略，这些策略保障了他们的模型可以承载数据并支持与自己的兴趣、与建筑师和客户都密切相关的分析。另外，他告诉我们，计算机建模可以提供建筑师在设计过程中使用，可以从中获悉可能的设计结果。因而，在草图设计的探索性阶段，计算机就大有可为，在绘图和渲染等最终设计成果中也同样如此。为了展示这些 CAD 原理的合理性，沙拉帕伊在本书中介绍了许多案例，用以分析建筑师对计算机建模的开发应用。他关注的焦点在于用户的经验，以及在为建筑形式建模过程中 CAD 物体和 CAD 操作的使用方法。这些案例包括一些由组织完善的设计单位承担的被高度关注的、卓越的设计项目。也许有些人会有这样的疑问：对于承担不甚卓越的项目的较小的设计单位，采用 CAD 建模和分析是值得的吗？这个问题亟待一个答案。

对于那些熟悉计算机技术的人来说，本书中所描述的那些 CAD 物体和操作应该是他们所熟知的。而这样的知识正是在设计单位中工作的人员非常需要的，或者，一旦有问题，他们能够得到解答，这就意味着在设计单位中必须包括拥有这种技术能力的人员，或者，随时可以找到这样的人员。在这里，我们又回到了历史的较早时刻，那时，在新的开发中，编程者和用户工作在一起，而现在，编程者可以被现有程序的获取者及操作者替代。

这样，就有了刚才的问题的答案：常规的开发方向正从技术方面转向了设计师的需求，即使对于普通的设计单位，开发的代价也逐渐变得可以负担。

当前的成就和 60 年代时的可能性之间有所差别，这有进一步的寓意。现在，我们不需要设计出一个单一的建模策略以满足各种不同的建筑设计单位，也不需要寻找出所有设计单位共同的工作程序。取而代之的是，正如本书指出的那样，特定的单位、特定的目的、特定的模型对计算机的能力、价格以及软件的要求都各有不同。对于必须具有创造性或创新性的建筑师来说，支持实践的个性并将个性与无法预知的别人的要求联系起来是至关重要的。

这个方面的进展成为更一般性的、迈向所谓新技术的进步的一部分。我们之中曾从事于新技术发展的人已经注意到，这项技术已从学术界和电子工业的象牙塔中转到更广领域的一般性工业、商业和娱乐业之中。计算机化现在正被上述领域、正被那些认为这项技术对于我们在新的全球经济中生存至关重要的政治家们大力地鼓吹。

在过去的几十年中我们发现，专业化的、有时具有唤起性的计算机语言进入了日常语言之中，计算机领域所拥有的"信息"和"知识"等概念正变成我们当前共享常识的一部分，这些以及其他一些概念正在获得专有的、简化的含义，与这项技术中的已知内涵相符合。这种简化的趋向在机器的喧闹前黯然失色，它使只拥有一般知识和才智的人感到担忧。

有一个重要的方面使本书不同于那些猛烈的信仰飞跃。在沙拉帕伊的术语中，CAD物体和操作作为计算机建模的原材料，其传统概念没有改变，它们仍然保持人们现有的概念状态。人们一直就是这样理解并很好地理解这些概念的，即使它们并没有被完全解释。所以，沙拉帕伊的物体和操作是他聪明地使用知识、将知识呈现出来并传达给读者的一个很好的例子。

这个判定并非是微不足道的。为了在创新和职责之间清楚地区分，我们必须对人和机器各自发生了什么也有着清楚的区分。在许多人类工作领域，特别是对于建筑学而言，我们必须这样去做。这样，我们欣慰地发现，本书对于计算机的提倡丝毫也没有假定计算机可以知道建筑师所知道的东西，但是，它们仍然可以被建筑师使用，以扩展他们表述自己的能力。

阿尔特·比伊尔（Aart Bijl）

本书的目的在于帮助建筑学院的学生以及建筑设计单位的设计师去理解与建筑设计中的 CAD 应用有关的一些基本原理。本书主要针对的是学习 RIBA 阶段 1 的大学生，但是本书充分的研究性应该也可以使学习 RIBA 阶段 2 的学位课程的大学生、硕士生和其他研究生感兴趣，它也可能使想更多了解建筑设计的工科学生感兴趣。

我尽量不借助于任何特定的 CAD 软件系统来表述基本的原理和思想。读者一旦理解了 CAD 的各种可能性，一旦在将 CAD 应用于实际的建筑设计项目时抓住了基本原理，他们应该能够比较容易地在 CAD 手册中找到相应的命令，将特定的系统应用于自己的设计意图。按照我自己教授 CAD 的经验，学生往往会觉得 CAD 手册比较含混、信息不足。部分原因是因为它们之中含有许多前提假设，认为有些计算机操作是设计学生无需熟知的，但更主要的原因是软件的开发者自身几乎没有什么设计的经验，无法更好地演示 CAD 的功能。

本书的另一个目的是要避免使学生陷入到各种 CAD 功能背后的数学公式之中。现在有许多描写曲线和曲面的数学表达式的 CAD 教科书，虽然那些有数学倾向的人对此很有兴趣，但这并不适合于建筑学的学生，对他们来说这种描述方法令人困惑，并且与他们所关注的主要问题——将 CAD 系统用于设计工作——并不相干。关于本书的研究内容，它们针对的是可能对深入探讨其中的某些问题感兴趣的更高级的学生。我的想法是，在 CAD 应用于实践方面已经产生一种巨变，这在一些案例中非常明显。在写作本书的时候，我可以给这种现象加上的最简单的标签，就是"一体化 CAD"（integrated CAD）。

在建筑实际中的 CAD 的一体化方向并不是什么新的概念，它在 20 世纪 70 年代就已提出，和现在相比，当时的计算机能力是非常微不足道的。一体化 CAD 系统的伟大目标起源于一些设计团体，他们认为，即使 CAD 只能提供设计项目所需的一些信息，它对于设计过程也是非常有益的。在实践中，由于当时的计算机资源十分昂贵，加上软件的开发要依赖于专业化的编程人员（他们将设计师的描述翻译为计算机操作），系统开发进入了恐龙状态，它们无法进化以适应设计实践中新的、不断改变的要求。但是无论如何，这种想法是很有价值的。

随着多年前一体化 CAD 的失败，开始出现向功能主义的退却，开发出了各种各样的系统，它们都针对特定的设计领域，如能量、照明、通风等等。建筑科学家可以用它们进行各种复杂的计算，以控制建筑内部的舒适度，包括新材料的使用、中央供暖及人工通风等。这种方法的缺点在于它导致了设计的分裂，除环境行为之外，建筑还必须满足许多其他的标准。

在此之后，一个更大的革命性的战役开始了。一方面，一群热情洋溢的研究人员开始热诚地提倡"设计的信息处理模式"(information processing model of design），他们认为，应用这种模式，知识基础（不仅是信息基础）可以用诸如人工智能（artificial intelligence，简称 AI）等领域的技术加以智能化的处理，以开发出诸如专家系统（expert system）和基于知识的智慧系统（intelligent knowledge-based system，简称 IK-BS）等的自动化设计软件。他们相信，通过开发这样的系统，可以绕过诸如人，特别是设计师这种棘手问题，这些问题过去曾在计算机系统方面导致了很多的问题。但是在建筑学中，这些应用软件现在都难觅踪影。

而在同时，在 CAD 景观学的边缘，有一些形式主义者，为了使设计师可以更加自由地表达自己，他们试图找出一种可以跨越计算机环境约束的方法。他们开发了强大的但又故意是没有实际用途的软件。他们像计算机系统开发者一样高效地工作，建立了一些图形系统和编程环境，或者结合两者的计算环境。这种系统仍然需要设计师们将它们应用于实际的设计工作，去充实它们，将它们变得实用。

同时，当这些哲学性的战役如火如荼的时候，建筑设计师一直致力于使技术为其所用，致力于将技术的发展与自己的设计实践相互配合，致力于将不同专业领域的相互分离的发展联系在一起。设计师将计算机技术应用于实际的设计项目，他们获得的经验现已达到了这样的水平：一个设计单位完全可以对形式非常复杂的项目进行控制，开展各种困难的分析和试验，直至建造阶段。这种控制不仅需要知道如何使用 CAD 技术，并且还要知道在设计过程中何时使用 CAD 技术，与不断变化要求相呼应，和各个建筑师及设计单位的特点相呼应。我相信，各种设计单位现在可以配置出他们自己的一体化 CAD 环境，以适用于他们希望生产的那些建筑类型以及相应的分析过程。

在重新审视设计意图的表达和最终结果的表现之间的区别时，很明显，"分析"成了非常重要的因素。我在第二部分的介绍性案例分析和第六、第七部分的更进一步的案例中已力图向读者描绘，分析性的 CAD 建模技术可以使设计师专注于设计问题的最主要的方面。这可以通过建立省略了无关细节的 CAD 模型来实现。按照对设计问题的不同视角，可以建立起许多不同类型的分析模型。当然，不同的设计师和设计单位对同样的问题的看法也是会有所不同的。

在所有这些例子中，不管是在哪个设计阶段或使用了何种媒介，是表达的效力使我们可以全面地理解设计思想并发展那些思想。思想的表达或具体化是一种持续的现象，它从设计陈述开始就会一直出现，直到由于限制的存在而不可能有进一步的发展为止。而这时，设计和表达都停止了。

本书写作的落脚点是要向建筑设计的学生传授基本的 CAD 原理，在学生被那么多商业宣传以及过多深奥的计算机培训手册包围的时候。为了获得建筑学资格同时为了展现他们的 CAD 水平，学生们产生的惶恐已导致 CAD 训练课程的发展远离了他们其他的建筑教育。作者希望，在将 CAD 置入当今建筑实践进行观察方面、在使建筑教育中各个片断和多变的方面重新和谐方面，本书可以至少前进一步。正如 E. F. 舒马赫（E. F. Schumacher）所说：

"当事物可以理解时，你就有了参与感；

当事物不可理解时，你就有了疏远感。"

[舒马赫，《简单即美》(Small is Beautiful)，1973 年]

致 谢

　　在本书中，我尝试将实践中使用 CAD 的一系列案例集合在一起，它们是我多年来熟知的、感兴趣的或深受鼓舞的，相信从每一个案例中，我们都可以获得有关当今建筑实践中 CAD 变化的有益经验。和通常一样，对本书最大的帮助和支持来自人们最想不到的地方。首先，我要感谢我的学生们，我很乐意教授他们，也很乐于和他们一起工作，他们中的一些人贡献了 CAD 模型材料，包括为槙文彦（Fumihiko Maki）设计的漂浮戏台（Floating Pavilion）建模的法兹达·阿卜杜拉（Fazidah Abdullah）；为自己的约克郡艺术中心（York shire Artspace）方案建立计算机模型的穆罕默德·阿斯里（Mohammed Asri）及工作于同一个项目的斯图尔特·克雷根（Stuart Craigen）；为惠特比·伯德及合伙人事务所（Whitby Bird & Partners）设计的卡斯特菲尔兹堡的麦钱兹桥（Merchants Bridge at Castlefields）建模的戴维·张（David Chang）；为福斯特联合公司（Foster Associates）设计的香港汇丰银行（Hong-Kong Shanghai Bank）建模的维克托·希达亚特（Victor Hidayat）；提供一个学校扩建工程平面图的学生及建筑师布赖恩·乔治（Brian George）；提供流水别墅（Fallingwater）和萨伏伊别墅（Villa Savoye）CAD 模型的三岛义尧（Yoshitaka Mishima）。亚历山大·雅托（Alexander Jatho）翻译了彼得·绍梅尔（Peter Szammer）有关克劳斯·卡达（Klaus Kada）的奥地利圣波尔滕剧场（Opera House in st. Polten）的建模工作的一篇德文文章的一些章节。

　　同样也非常感谢研究这一领域的同事，以及一些我很乐意一起工作的设计业者，其中包括马克·布瑞（Mark Burry）和格雷格·莫尔（Greg More），两人目前都在澳大利亚的迪金大学（Deakin University），他们提供了圣家教堂（Sagrada Familia Church）立柱的计算机模型；何塞普·戈梅-塞拉诺（Josep Gomez-Serrano）提供了圣家教堂水平元素的计算机模型，还要感谢他慷慨地利用自己的时间访问巴塞罗那（Barcelona）的原址；贝尼施贝尼施及合伙人事务所（Behnisch，Behnisch & Partner）的克劳斯·施韦格尔（Klaus Schwagerl）提供了港口音乐厅（Harbourside Concert Hall）项目的信息；马克斯·福德姆及合伙人事务所（Max Fordham & Partner）的科林·达林顿（Colin Darlington）和尼克·克兰普（Nick Cramp）提供了萨尔迪斯罗马浴室（Sardis Roman Baths）的计算机模型；感谢福克纳布朗斯建筑师事务所（FaulknerBrowns Architects）的安德鲁·卡内（Andrew Kane）提供的米尔顿凯恩斯（Milton Keynes）的雪之穹（Snowdome）的计算机模型，还有他持续的友谊，以及我们之间过去的所有合作。

　　还要感谢来自设计单位的许多人，包括沃森钢结构公司（Watson Steel）的 IT 主管迈克尔·穆尔（Michael Moore），他提供了关西机场（Kansai Airport）项目的 CAD 图像；韦斯特伯里管道结构工程有限公司（Westbury Tubular Structure Ltd.）的技术主管基思·坦普尔（Keith Temple），他精心保存了滑铁卢国际车站（Waterloo International Rail Terminal）的图纸；尼古拉斯·格里姆肖及合伙人事务所（Nicholas Grimshaws & Partners）的幻灯片管理员罗曼·戈维特（Romain Govett）提供了滑铁卢车站项目的三维计算机模型的幻灯片；马克·惠特比（Mark Whitby）提供了许多有帮助的意见；福斯特联合公司的 IT 主管伊恩·戈德温（Ian Godwin），提供了诺曼·福斯特及合伙人事务所（Norman Foster & Partners）几项最近的项目的信息；弗兰克·O. 盖里联合公司（Frank O. Gehry Associates）的基思·门登霍尔（Keith Mendenhall）提供了毕尔巴鄂（Bilbao）古根海姆美术馆（Guggenheim museum）CAD 生成图像的幻灯片；虚拟艺术创作公司（Virtual Artworks）的史蒂夫·贝德福德（Steve Bedford）提供了理查德·麦科马克（Richard MacCormac）设计的威尔士议院（Welsh Assembly）的模型，并感谢麦科马克授权使用模型；克劳斯·卡达事务所的彼得·绍梅尔提供了圣波尔滕剧院的图像，并感谢他 1995 年在格拉茨（Graz）对我的热情款待；杨经文（Ken Yeang）教授为我提供了他在赤道地带的一个尖端水平的项目。

　　最后，我还要感谢其他来自方方面面的人，他们同样也非常重要。感谢吉姆·霍尔（Jim Hall）的幽默，感谢他对此项工作的鼓舞和热情支持以及适时的建议，感谢他与我们分享他在建筑学方面的广博知识；感谢我们的同事托尼·希斯科特（Tony Heathcote）教授为我们翻译了圣家教堂的西班牙文资料；感谢阿尔特·比伊尔多年来的支持与鼓励——我曾荣幸地加入到他担任 EdCAAD 高级讲师时在爱丁堡大学建筑学院（School of Architecture at Edinburgh University）的研究，他的研究当时走在了时代的前列，现在对于留意研究它的人仍有许多借鉴之处；彼得·莱西（Peter Lathey）进行了幻灯片的扫描；建筑图书管理员洛伊丝·伯特（Lois Burt）在管理数百名学生之余为我寻找材料；最后，感谢建筑出版社（Architectural Press）的人员，包括迈克·加什（Mike Gash）和玛丽·米尔莫（Marie Millmore），他们鼓励我将此汇集成册，还有凯瑟琳·迈金尼斯（Katherine McInnes）、西安·克赖尔（Sian Cryer）以及波利娜·索尼斯（Pauline Sones），感谢他们对我延期所保持的耐心。如果遗漏了什么人，我在此表示道歉。

　　我在文字上力图避免参照特定的 CAD 系统，并避免软件使用的行话和术语，目的是为了使学生和设计师可以阅读本书。尽管采用了许多建筑学的例子和演示，本书仍然可以作为一般的 CAD 教科书。我们假设读者懂得一些基本的设计技能和一些计算机方面的概念，但不需要读者一定具备某些 CAD 软件的使用经验。但是，我想在此说明：我和那些为此书贡献了计算机模型的人，在 CAD 建模过程中使用了许多不同的 CAD 系统，这些系统包括：AutoCAD、Catia、CAD - S5、FormZ、Microstation、Minicad Vectorworks、3D Studio Max 和 Rhinoceros。

目录

第 1 章　范围和目的

　　MIT 早在 20 世纪 60 年代的工作［孔斯（Coons），1963 年；萨瑟兰（Sutherland），1963 年］被大多数研究者认为是与建筑设计相关的计算机辅助设计（CAD）运用的开端。从那以后，虽然新的 CAD 软件发布的频率不断地增长，但它似乎与 CAD 领域中新技术的发展数量成反比。虽然有许多新的科技含量，但它们主要还是来源于其他的计算机领域，而且，与 CAD 软件系统功能相关的原理大体上也没有发生什么改变，而 CAD 在建筑实践中的运用方式的改变却显得更为显著。因此，在建筑学教育中的 CAD 也应该相应地认识和反映这些改变，同时提供给学生更多的东西，而不仅仅训练学生、让学生机械地学习某种技术性的 CAD 系统的常识。我希望将 CAD 置于当今的建筑环境的语境之中，通过对 CAD 实际应用的案例进行观察，使学生不仅能够获得技术，而且能够懂得 CAD 的原理，后者的意义更为重要。

　　本书主要关注的是 CAD 在设计中的运用，其核心前提是认为设计的意图决定了在 CAD 环境中为建筑形式进行建模的方法。对建筑设计师而言，要尽可能直接地将他们的意图表达出来以便把设计方案的主要特征展示给他们的客户和与他们合作的设计专家，这显得日益重要，并且也越来越可行。借助现代计算机硬件和软件技术方面的进步，CAD 已不再只是建筑项目的后设计阶段的一个制图工具，相反，它已逐渐成为一种应用于设计全过程的媒介。

　　尽管在最近几年里 CAD 软件（例如渲染软件）无论是速度还是质量都取得了飞速的提高，但是许多重要的建筑设计单位仍然认为，表达基本的建构设计理念要比生产那些看似精致却往往模糊而不是体现设计概念的效果图要重要的多。这应当成为一些建筑学院的学生的警示，一旦被渲染模型提供的各种虚象诱入歧途，他们就会发现自己难以将设计方案的表达精简到足以表达其关键概念的水平。

　　本书有意地着重于从设计的观点而不是技术的观点来看待 CAD。技术性观点的焦点在于媒介或者是技术，而设计的观点则关注于支持设计表达的技术所能提供的可能性。在设计中，计算机应用的发展往往受到了技术性方法的严重阻挠（比伊尔，1993

年）。建筑学院里的那些所谓的"CAD 专家"和 CAD 的指导老师往往从技术层面出发，询问"用户可以利用这个新技术做些什么？"而不是"用户利用这个新技术想要做什么？"，而后者正是本书所要关注的主要内容。

所以，设计师的建筑理念应该成为组织和创建 CAD 模型的核心。理念的表达不同于对最终形式的表现，它有两个主要的目的：第一，它使设计师能够对设计概念有着清晰的认识和完整的把握；第二，也是最重要的，它使设计师能够联系环境状况和设计大纲对设计想法进行批判性的评价。从我自己最近几年来向建筑学学生教授 CAD 的经验来看，学生们在学习时对 CAD 的最大的担忧就是担心它会过时，他们担忧如果不能熟知某些软件的最新版本，他们将不能够被市场所接受。我希望将 CAD 置于设计环境之中，可以通过这个过程导出一些有关 CAD 的原理，以减轻他们的担忧，并鼓励他们去挖掘作为设计师所拥有的能量，而不要被任何商业性的宣传所困扰。

建筑实践中传统的 CAD 观点认为，CAD 系统应该用于表达已经完成了的设计方案。商业性的 CAD 系统往往致力于建筑学产品的结尾过程的机械化，即与建造商、估价师以及审批者等各方面沟通设计内容的图形表达。按照事先设定的标准，例如照明的水平或者能量的损耗等，它们已可以为确定的设计方案提供有限的分析。然而本书的稍后部分提供的一些案例所表明的证据将会展示，在建筑实践中，有一种现实性的需要，就是希望在设计的早期阶段尽可能地将 CAD 系统和分析工具结合进来。换句话说，在实际应用中，CAD 已经转向了"辅助设计"本身，而不仅仅是一种产品加工的工具。

如果在设计的早期阶段大量应用 CAD 的趋势确实存在的话，那么我们应该可以期待以 CAD 模型的形式出现的计算机表达方式的建立，可以支持设计师对 CAD 模型进行直觉的、批判性的评估。这种建构模型的方式将能够对最初设计想法的修整和改进提供支持。设计想法、CAD 表达、直觉性的分析之间的不断转化可以以一种循环的方式得到发展，直至形成一个最终的方案，而介于设计理念和设计表达之间的直觉性分析本身，则可以从一系列与广为人知的分析性的框架（如能量计算、照明、结构分析、设计理论分析等等）相关的方法论中获得计算性的支持。

科学家们采用"信息处理模型"（information processing model）中包含的解决技术性和理论性问题的方法来解决问题，而另一方面，建筑师的方法是提出初步的解决方案（其合理性没有经过充分的论证），把它作为更加完整地理解和分析建筑大纲的复杂性的手段。只有通过提出一个初步的解决方案，然后对它做出批判性的评估，建筑设计师才能够充分地理解大纲的复杂性，而这在一定意义上，单靠理性分析是无法充分实现的。

通过对伦敦许多房屋设计师采用的设计方法进行研究，达克（Darke）发现了他们准备初步方案或提出假设时的直觉选择过程，她称之为"初级发生器"（primary generator）：

"初级发生器这个词并不是指那个形象（即推测结果），而是指产生这个形象的思维。"（达克，1979 年）

在研究中达克发现，较好的初步方案往往是由那些能够在最初的提议阶段领悟到强烈的概念性想法的建筑师所提供的，同时她还发现，这些建筑师在对一个方案进行发展和完善的全过程中都维持了那些最初的想法。

达克的研究突显了概念和组织关系（Parti，示意性的绘图，通常是抽象的平面图，有时也可以是剖面图）之间的二元关系，它由建筑设计师凭直觉来操控。直觉地筛选出那些能够生成有效组织方案的概念性想法的能力，是区分天才设计师和普通设计师的一个因素。在建筑中，类似于雕塑或者形象艺术，有两种形式状态——"模型"和作品本身。模型和已经完成的作品不同，它并不试图成为形象的最终状态，而仅仅只是为了表现这种状态而存在，但是，模型的身份混合了两个不同的角色：首先是要表达成品的最终的物质形象，而更为重要的是，它还要去表现或表达设计师的主观意图。

传统上，作为表现手段的模型的造型角色已由 CAD 系统提供了很好的支持，复杂精密的建模和渲染技术已经使表现本身达到了和物质世界难以相区分的水平。在表现空间体积的品质的能力方面，模型（无论是实物模型还是虚拟模型）是最佳的。许多学生认为，通过生产一个高水平渲染的"真实性"的 CAD 模型，就可以满足他们的设计项目的目标，然而遗憾的是，太多时候的情况却是：尽管模型看起来似乎给人印象深刻，但是设计方案的本质却根本没有呈现。现实主义的表现方法反而成了被比伊尔称为"现实的陷阱"的东西（比伊尔，1995 年）。

将设计的意图和理念外在地与他人沟通的模型往往不同于设计绘图或设计模型。从最初踌躇的铅笔涂抹、概念性的想法直到逐步形成的绘图，设计表达都服务于一个优先的目标，即表述设计师的理念使之具体化，它不是为了别人而只是为了设计师自己。马克·休伊特（Mark Hewitt）对客观性的绘图和主观性的绘图进行了区分：前者"表达建筑物"而后者是为了"启迪设计师自身"（休伊特，1985 年）。这是一个非常重要的区分，因为休伊特所述的主观性绘图在设计正在成型的阶段中是一种不可或缺的要素，通过它，设计师的理念和其表达之间的关系能够得到挖掘和发展。客观性绘图与主观性绘图的直接的区别在于，它是在设计阶段已经停止之后才开始准备的，因而它在"修改理念"的过程中没有发挥任何作用。

一旦认识到了设计过程中图形表达的重要性，就可以根据方案发展的阶段，把表达的特征归成三大组。对于绘图表达，格雷夫斯（Graves）将这些阶段分别称为："参考性草图"（referential sketched），"准备性研究"（preparatory studies）和"确定性绘图"（definitive drawings）（格雷夫斯，1977 年）。参考性草图是对具有影响力的想法十分及时的、直接的记录，它可以和项目的语境环境紧密联系，或者像勒·柯布西耶（Le Corbusier）的车票簿一样，可以和日常的观察或旅行笔记结合在一起。与先前讨论的概念生成相比，草图本是高度个人化的对各种影响的记录，常常与高度示意性的组织关系图结合在一起。参考性草图同样也可以包含文字描述和想法、剪贴拼贴等，当然，还可以包含概括性的建构观察资料。

在所谓的"准备性研究"的初始阶段，概念发生器和初步的组织关系图之间尝试性联系开始产生。在此时对方案的适宜性做到确有把握是不可能的，但重要的是初步的方案"被表达"出来，使它们能够得到评价、分析，从而能够更深入地理解设计项目。在准备性研究阶段中，要进行一些初步的尝试，将交通、平面布置、结构等等的示意性的图表和建议的建构形式方案联系起来，这表明，一个设计师可以根据直觉将建筑形式和它所暗含的结构性理解联系起来，这是他们的固有能力，更为重要的是，它显示出了与预想的结构关系相关的各种潜在形式。在设计的这个阶段中，方案的迅速演替被不断地具体化，并和项目的要求以及概念的生成过程保持着联系。概念发生器的特性和影响也许会在这个设计发展成形阶段中持续改变，但概念性想法和组织方案之间的牢固联系是十分重要的，它使方案具有了自己的个性和发展方向。

一旦进入了所谓的确定性绘图阶段，概念和组织关系图之间的对话就达到了让设计师对它的功效感到满意的水平。然而，在基本的示意性组织方法和体块式的建构方法之外，还缺少具体的东西，虽然得到了一个满意的方案，但是组织和关系方面还需进一步深化。

因此，正是在这个阶段，结构、分区、服务系统、构造和体积组织等基本标准的细节问题都已显现出来。后期对设计先例的理性分析［贝克（Baker），1989 年］强有力地说明了天才设计师能够将具体的细节问题完成到何种程度。正是在这个阶段，较高水平的组织整理技巧被加以应用，并使这个过程得以运行和加强。比例系统、几何网格和对称技巧这些例子都是用于控制和完善组织结构的方法。

在设计的准备性研究阶段中，直接的发生器和讨论目标就是参考性草图（即概念性的想法），而在确定性绘图的阶段中，准备性研究或者所选的建筑组织关系就取得了重要地位，它们具有控制性的影响力。尽管概念性想法在确定最终的设计时仍然起着重要的作用，但在设计师的意识里，确定性绘图和准备性研究之间的关系的作用才更为直接。

在设计的所有阶段中，设计师需要将他的想法表达和具体化以符合他对某个特定阶段的理解，这种能力是至关重要的。没有一种努力可以完全穷尽地描述或者解决设计的各个方面的问题，而表达中遗漏的东西往往和其中已经包含的东西同等重要。尺度的准确性就是一个经常被遗漏的东西：近似的尺寸往往就已经足够，而对尺度和比例关系的直觉性理解却显得更重要。局部模型展现了相似的特点，例如，它们往往是十分粗糙，而且对各种元素也没有能够进行完整的描述，尽管如此，它们仍是可以很好地表达空间关系的有效工具。在所有的案例中，表达的各个部分和它所体现的设计师的思想之间存在着紧密的联系，例如，在不同的表达中，有时会运用相同的绘图元素，但是它们却可以代表两个截然不同的观点。因此，尽管通过惯例系统使绘图表达标准化的企图一直存在，但在设计师和表达之间还是存在着语义上的独特性。

分析行为可以导致变化的产生，并由此推动设计的发展。例如，在克拉克（Clark）和保泽（Pause）的研究中（克拉克和保泽，1985 年），分析标准就包括了以下几个方面：结构、自然光、体量、平面和剖面之间的关系、对称和平衡、交通和使用之间的关系、重复元素和独特元素之间的关系、独立单元和整个方案之间的关系、几何形、通过加法或减法操作形成元素的程度、层级结构以及组织关系图等。

我们需要探索如何可以根据 CAD 原理，对这些标准以及其他标准提供支持。例如，在结构、能量和照明分析中，需要能够对这些领域中已经开发的软件加以应用，以确保 CAD 数据以"分析软件"可以运用的形式来表达和呈现；在观察体量关系时，用户应该可以胜任"体块建模"的技巧，在对平面和剖面的关系、交通流线和使用功能的关系的描述中，需具备在 CAD 环境中"覆盖信息"的能力；重复使用的元素在 CAD 环境中可以通过"符号"的使用进行有效的表达；对单元和整体之间关系的描述则依赖于理解和应用更为先进的 CAD 原理，例如"参数关系"和"面向对象技术"；几何、对称和平衡意味着对基本的 CAD 操作的理解，这些操作可以通过用户控制的方式"转换现存的物体"或者"根据已有物体来构造新的物体"。加法和减法操作需要理解如何使用"布尔运算"，构造层级结构则需要懂得如何表现不同"细节水平"上的信息，而组织关系图可以通过用户定义的"网格系统"进行观察。

这样，我们就建立起了映射关系，把设计过程中十分重要的分析标准和 CAD 原理联系了起来。为了支持设计的发展，我们需要懂得这些 CAD 原理。前面的内容并没有穷尽所有的对应关系，克拉克和保泽的研究也只是这方面的一个参考。得出权威性的映射关系列表也超出了本书的范围，因为这在设计从业者中必然是主观和易变的。这里所展示的不过是一种努力，它将一些手段和方法引入到 CAD 之中，与技术驱动的方法相比，它们更适合设计的学生。

所以，分析应该被认为是想法—表达—分析—想法—……—最终方案的循环进阶中的连接物，CAD 需要在设计想法和其表达之间的批判性对话中发挥支持作用。朔恩（Schon）在他的对建筑设计辅导教师的工作方法的研究中认识到了这一点，他将此描述为行动中的反思（reflection-in-action）（朔恩，1983 年）。

制图对建模

制图仍然是人们对建筑设计中的 CAD 运用的通常理解，而本书将对这种理解提出质疑，并且试图表明，当今技术的发展已经远远超过了仅仅将 CAD 用于绘图的水平。CAD 技术已经前进到了一个新的水平，它已经可以表达所有的阶段，从初期的设计想法一直到细部大样图。这与把 CAD 当作可以提高生产效率的工具或者把 CAD 当作是对已经设计完成的建筑物进行图形表现的手段是相当不同的。一个能够熟练并三维地使用 CAD 系统的人，必定是一个好的设计师，而不会是绘图员。

因此，在建筑设计中，CAD 模型不应该从它的表现质量的角度去评价，而应该根据它作为承担准确的分析功能的对象的角度来评价。理解如何可以使三维 CAD 建模技术支持和反映设计思维，可以使我们更多地关注于建筑设计的空间和形式的表达。在 CAD 环境中表达设计概念，从概念阶段直至完成阶段都运用这些设计概念并且使它们不会失去最初活力的能力，是一种重要的技术，它将会成为未来建筑教育的基本组成部分。在这个过程中，懂得如何创造形式、懂得以不破坏适当设计关系的方法对形式进行转换和修改是十分重要的。

一个熟练的 CAD 建模人员应该擅长根据设计纲要所呈现的需求在模型中采取正确的表现形式。在项目的初始阶段，CAD 模型的主要目的应该就已经形成，在牢记这一点的同时，还需要确定表现这个模型的恰当方式。一个模型的表现力将取决于 CAD 环境中潜在的数据结构，它们将影响到用户随着设计方案的变化而相应地对 CAD 物体形式进行编辑和修改的能力。本书中的一些案例将展示那些具有解释性性质的模型，它们被用于向其他的设计专业人员传达复杂的设计关系，这些模型往往阐明了尚未解决的三维关系。

在稍后的一些案例分析的章节中所展示的某些三维 CAD 模型是为了研究和改进建筑物的某些重要元素而建立的，它们同时也是为了准备最后的合同图纸和施工文件。尽管建筑在很大程度上是一种三维的体验，但似乎仍然有一些学生和从业人员不太愿意进入三维的世界，这通常是由于三维给人一种复杂的感觉而导致的。建筑设计的学生应该把 CAD 模型当作基本设计标准的具体体现，而不是死气沉沉的线条图的集合。

成本低廉的台式计算机性能的快速提高现在正使我们有可能从符号化的图像向与环境更加紧密联系的、更富有意义的表现进行转变。通过从现实世界采集的数字化样本而得到通用数据库，一个由 CAD 生成的建筑模型可以进行渲染，根据材料的选择，对 CAD 生成的建筑模型赋予真实的材料纹理的运用软件可以和能量计算等软件联系在一起。通过完全的模拟，可以以一种更具有意义的方式对真实的设计方案的完整的模型进行观察。作为城市范围的更大的规划模型的一部分，在建筑物和周围环境的平衡关系中，CAD 模型也许还可以被用来探测环境和能量因素及其变化。

对 CAD 的通常认识仍然是把它当作应用于一件作品的后设计阶段的制图工具，而没有看到它对三维设计活动的支持。无论如何，图 1.1 中展示的情节现在在大多数的 CAD 系统中已经是司空见惯的了。首先，在不同体积的区域中，需要进一步改进和细化的三维模型的某些部分可以被选择出来；在一个被选中的区域中，垂直和水平部分的切面可以被制作出来，用于建立二维区域，并可以进一步发展成为更为传统的细部大样图。这样，二维的平面和剖面便成了三维模型的副产品，而不再孤立地存在，不再与其他图形相割裂。

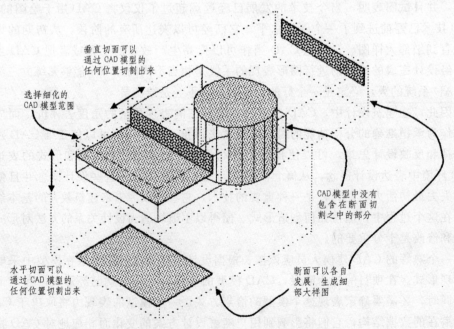

图 1.1 平面和剖面是三维模型的副产品

如果上面的情节是现实可能的，而且它作为建筑实践中的一种工作方法正日益被人们所采用，那么我们的注意力现在应该放在应用现有的 CAD 软件来快速表达设计想法，辅助（而不是复制）设计师对那些想法进行直觉的分析。认识到设计活动中发生的想法—表达—分析的循环的重要性是十分必要的，这个主题将会在本书的第二部分中继续讨论。在此之前，现在有必要考虑一下设计教育中出现的新兴技术所带来的成果和可能性。

多学科设计教育的新模式

下面的目标和原理是建立在迄今为止的讨论之上的，其中一些是教育学方面的，一些是技术上的，作为建筑学院中的新的 CAD 应用和教育方式的基础，十分有必要对它们进行进一步的讨论。

• 专业实践

学设计的学生应该注意当今设计专业中对设计方案进行建模和分析的方法。要作到这一点，一个很显然的方法就是调查 CAD 在特殊的前沿案例中是如何得到应用的。在设计实践中使用的 CAD 软件系统在过去的十年中已经发生了根本性的变化，现在，越来越多的人注意到那些更为综合的计算机环境，而且在一些案例中已经在实际运用，这些环境可以让设计师在其中创作他们的作品。原则上，没有什么理由可以说明为什么学生不可以使用这种一体化的环境，它的一个重要结果是使我们可以给学生提供新型的多学科的设计课程，它们将不再以离散的工作室教学为核心，而是提供共享的、网络的资源，这样可以打破工作室的物理障碍，提供完整的设计经验。

• 设计协作

应该鼓励学生更加协作地去工作，并习惯于在设计项目的整个过程中与其他的设计专家交换设计信息。各专业之间存在的传统障碍应该从视线中消失，应该向学生介绍各种建立在计算机之上的新兴的强有力的技术。尽管网络不在本书的讨论范围，但无论是局域性的还是全球性的，它在推动新兴的协作设计向前发展的过程中都已扮演了非常重要的角色。设计学生现在可以通过局域网在共享的设计模型上工作，并且可以通过虚拟现实造型语言（Virtual Reality Make-up Language，简称VRML）、JAVA、共享白板（Whiteboarding）以及视频会议的使用来研究、评价和呈现他们的设计作品。一个设计方案，无论在设计过程中的任何阶段，都可以被广泛的、来自各设计专业的设计师访问，或者进一步发展这个设计方案，或者对现有的方案进行评价，或者向客户呈现当前的方案。

• 软件工具的综合

学生们应该多接触目前在实践中使用的广泛的数字软件工具，这样可以防止学生把自己限定在与某些特定的软件的关系之中（比如，建筑＝制图），而且也能够激发学生对其他的专业及其复杂性的鉴赏能力。例如，由于使用像地理信息系统（Geographic Information System，简称 GIS）等技术，城市设计可以进行社会、经济和环境层面的诠释，其范围已经得到很大的扩展；而面向对象的 CAD 环境现在已经使传统的建模技术和分析性的评估（如能量计算和照明模拟）有可能结合在一起。这些都曾经是 20 世纪 70 年代建筑师和景观设计师的梦想，当时的计算机能力限制了这些想法的实现。相反，当时的商业发展转向了各个特定领域中的独立的专业设计工具的开发。在计算机领域取得最近的几次革新之前，由于各自采用了并不必要的符号表现方法以及相应的分离和片断性的计算机应用程序，与建筑设计紧密相关的其他专业处于互相分离的状态之中，这导致了那些曾经紧密地联系在一起的专业之间的一种极不自然的隔离。

• 在线教育资源

基于网络的资源和光盘（例如，图片库、国家建筑规范规章、参考书目等等）都应该加以充分应用。另外，人们应该可以期待这类材料在未来会越来越具有互动性，信息也更为丰富，而不再仅仅是那种更易于被传统手段呈现的"幻灯片"形式。学生也应该习惯于下载基于网络的数据，并结合到以后的 CAD 建模工作中去。这样做的教育学前提是：设计已经不再是从一张白纸开始，而潜在地，它从一个复杂的城市平面开始。

• 信息交流

学生应该培养起对通常使用的数据交换格式的关注，并且能够根据信息的不同用途采取相应的形式。我们不在这里详细讨论这个问题，因为这些格式的名称和版本号总是迅速地在改变。总而言之，已经有一系列通用的 CAD 数据交换格式存在。由于知道在互不相同的系统之间传输信息是完备可靠的，这就使得 CAD 软件的用户为了不同的目的而采用相应的 CAD 软件系统更加可行。

• 软件分析工具

在设计过程的任何阶段都应该能为常见的设计模型的各项分析提供软件支持，应该可以提供能量模拟、照明研究、空间分析等各种分析工具。对这些分析的大致的描述以及它们在设计实践中的运用情况将会在随后章节中进行介绍。

本书考察建筑设计中的 CAD 应用在未来所承担的更加整体和综合的角色。在新型的数字环境的帮助下，有越来越多的机会让我们可以去考察和评估综合了众多建筑方面的因素的设计方案。支持对设计方案进行考察和评估并整合了诸多设计方法的产品现在已经有可能出现。由于不断加强的专业化分工，建筑学背离了设计的整体性景象，但是，对建筑实践和教育的关注可以在现在得到修正，设计的综合特性，在过去往往是它的强项，也可以在现在重新获得。

第 2 章　CAD 建模中的分析的重要性

在建筑设计中建立 CAD 模型的目的是为了传达意向中的设计方案，因此，意图的传达就成了建筑设计中 CAD 建模的核心。在设计活动中以 CAD 模型的形式出现的表达就是为了能够呈现、理解和评价设计想法，对这个设计想法的修改和完善可以逐步导致令人满意的设计方案的生成。这种评价或者分析活动能够使设计的想法得到发展，而且，只有通过对这些想法进行表达，我们才有可能成功地对它们进行分析。

现有的 CAD 系统都聚焦于与设计工作相关的两个特定的方面：形式的表现以及一些特定的量化分析。然而，在产生精确而详细的 CAD 模型方面所做的努力并不适合于对设计初期所需要的快速表达和分析提供支持，而量化分析往往是与三维 CAD 系统紧密相连的。例如，热量损耗的计算不仅应该可以在精细的 CAD 模型上使用，而且它还应该能够适用于早期阶段的示意性的 CAD 模型，因为那些有关建筑物的特点和性能的最重要的决定都是在设计的早期阶段做出的。

在设计构想的所有阶段中，特定的分析标准的地位和作用是不断变化的，而且，我们无法判断在哪一个阶段应该优先采用哪一个分析标准。如图 2.1 所示，存在着一个不断生成 CAD 模型的连续循环过程，在这个过程中，后续的 CAD 模型生成需要经过脑海中的分析过程。有一些设计单位，比如贝尼施贝尼施及合伙人事务所，在承担分析性角色时，常用 CAD 模型取代实物模型（见第 25 章）。在其他的一些设计单位，如弗兰克·O. 盖里事务所，CAD 模型和实物模型在设计过程的特定阶段都各自拥有清晰界定的任务（见第 28 章）。尽管有一些分析标准，如比例关系，主要是在设计的后期（例如在某个绘图阶段）才加以分析的，但重要的是我们应该认识到，设计活动是通过设计师非常清楚的方式将直觉的（无形的）分析和形式的（有形的）分析结合在一起的。一般来说，形式分析需要对 CAD 模型运用直接的定量手段，这些手段中的一部分将在第 3～8 章中给予介绍。直觉的分析往往与非计算机手段有关，但是，当使用计算机手段时，那些技术往往是从与建筑形式相关的设计理论领域中衍生出来的。使用计算机手段的分析需要设计研究者们对当前的 CAD 系统采取富于想象力的使用方法，来描述如本书第 9 章中的那些例子所示的 CAD 模型中的形式关系。无论在设计的哪个阶段，建筑设计师都一视同仁地进行各种形式的分析，不会优先选择任何一种分析形式。作为一种主观化的活动，设计师们凭直觉来掌握各个设计标准之间的相互作用，因而可以直接控制建构形式和标准优化的相互关系。

一体化的设计过程

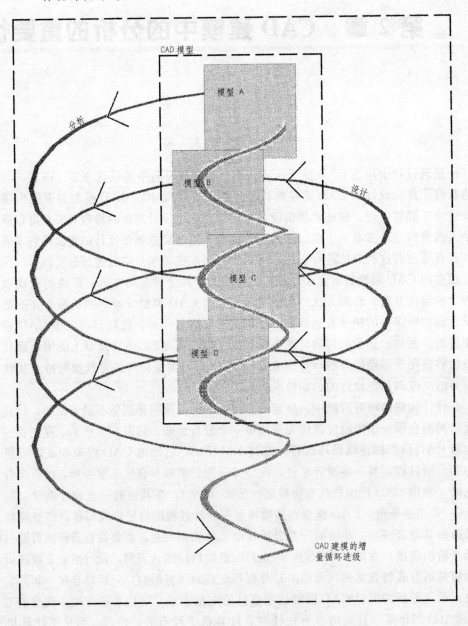

图 2.1 设计和分析中的 CAD 模型发展的循环过程

分析的标准

为了使用计算机手段来支持设计活动，我们必须更加仔细地检查设计中的分析方法以及分析得以形成的参照标准。通过考查分析方法是如何根据不同的标准而变化的，我们可以更好地理解分析在设计形成过程中所起的作用。第一组标准可以归纳如下：

- 结构
- 功能分区
- 交通流线
- 供给
- 环境控制

对于建筑的通常目的而言，第一组标准中的任何一个都构成了非常基础性的因素，而它们之中的每一个也都可以根据设计大纲所预设的各方面，用理性的经验方式来测量。由于可以根据已有的基准进行系统的评估，它们都成了许多 CAD 分析软件包中的核心。例如，如果知道建造某个方案的热量损耗水平和数据，那么就可以轻而易举地对这项构造和方案是否达到了要求的最低标准进行系统的计算；再如在功能分区中，如果在某个给定结构的格式中设定一个优先的、预定的相互关系和一系列的设计方案，就可以用类似的方式对每一个方案进行性能评定。

如果我们现在再考虑第二组标准，大致可以组合出以下几个方面：

- 体量
- 对称
- 文化暗示（象征）
- 比例
- 概念性意图

第二组中的所有部分都可以与平衡、活力、对比、方位、重点等方面一起归为构成标准或者美学标准的描述。进一步考查这两组标准的分析过程可以阐明它们之间一个重要的不同点：一方面，第一组标准由于它们可以根据经验被测定出来而可以被认为是"有形的"；而另一方面，第二组标准是"无形的"建构品质，它们拒绝任何形式的科学量度。在设计工作中，后一组标准是由设计师根据直觉来评估的，依赖于自己与生俱来的和受后天教育逐步培养出来的对这些品质的理解力。对设计先例所做的分析（贝克，1993 年；克拉克和保泽，1985 年）通常都是凭直觉实现的，无需在推理出来的物体的有形特性和无形特性之间作出任何区分。但是在计算机辅助的领域，直到最近，无形的标准还一直拒绝系统的、独立于设计师的、计算机的分析。

随着一项设计从准备性研究阶段前进到确定性绘图阶段，表达的性质和直觉地进行某类分析的要求一起，发生了改变。在准备性研究阶段中，以 CAD 模型形式出现的表达主要包括对各种标准的示意化的描述，也许还包括可能实现这些描述的建构形式的一些设想，然而，一旦进入确定性绘图阶段，设计师就会转而以建构方案能够与意图中的方案想法相结合为目标。在这个阶段，他们开始关注建构的构成，强调方案的形式方面的问题，但还会不断地为了使各种标准得到满足而对设计进行修改。在这个阶段，对比分析是十分重要的，因为把原先的方案和改进过的方案或者替换的方案相互"叠加"（superimposition）是一种强有力的分析手段。将两个设计进行比较性的叠加，无论是前面的方案和当前的方案的叠加还是当前的方案和设计先例之间的叠加，通过对照和比较，它们都可以把方案的品质显著地突出出来，如果仅仅对单一的设计进行孤立的分析是不可能做到这一点的［罗（Rowe），1947 年］。传统上，对比分析是通过使用透明描图纸实现的，而在 CAD 系统中，可以通过分层的手段加以支持，这种手段是一项在大多数 CAD 系统中都十分普通的逻辑操作，本书将在第 15 章中予以介绍。另外，一些适合于对比叠加技术的分析标准将在本书的第 9 章中加以介绍。

一个设计理念的表达应该在二维和三维的格式上都可以实现，但是我们还需要进一步开发设计师与 CAD 模型之间的界面，这样可以使快速表达得以顺利进行，而无需顾虑复杂的系统指令结构，这些结构会使设计师难以把精力集中于设计思考。在没有准确尺度或清晰描述的情况下，表达也应该能够实现。重要的是，在给对象赋予内容和意义时，应尽可能地采用较小的系统智能，例如，可以在三维中将平板元素理解为楼面，或者将某种尺寸或特定的形状解释为某种建筑元素。在允许用非规范方法表达意图的 CAD 环境中，设计者应该可以对元素在语义上的意向加以判断。

有一点必须明确的是，在设计的这三个阶段中，并不是所有的一切都可以得到计算机功能的足够支持。例如参考性的草图，即对生成的概念性理念以及初始的组织关系图的表达，如果采用计算机草图软件包来表达它们就不再有效。实际上，我们对此无需多虑，因为在设计师和表达之间，对系统指令结构的意识一直就像一片滤色镜。草图本和铅笔的直接性是毋庸置疑的。但是，设计的后两个阶段（准备性研究，确定性绘图）的确为高效的 CAD 系统的支持作用提供了用武之地，不过，我们必须对理念的不同形式、表达和分析的不同形式加以考虑。在这样的思维框架下，后面的几章将关注一系列的案例，它们需要采用特定的模型以支持在建筑和工程设计中会常常面临的一些专门的分析。

总之，本书的目的就是要将设计师的意图和特定的 CAD 技术联系起来。这些意图来源于设计方案的核心分析方面，它们包括结构、照明、声学、能量、气候特征、空间分析以及设计理论，这些方面推动了建筑形式的发展。所以，本书所关注的是目的而不是软件，它的目标在于不仅展示如何可以创造某种特定的形式，而且还要展示用不同的方法来创建形式的深层意义。当与设计意图联系在一起的时候，CAD 表现的意义是极为重要的。所以，我们从设计的观点对 CAD 的各种可能性进行了研究和探讨。

第3章　CAD 与结构分析

在各阶段都有大量的结构分析软件，可以用于方案评估，甚至还有分析结构体系对较大位移的动态反应的软件［李（Lee），1999 年］，这些分析工具假定结构体系中的每一个部件都拥有集中质量。不过，也有另一种类型的结构分析软件，它们用于对机械部件在承受外力或热量时的应力或温度的分布情况进行评估，当部件承担动荷载时，还可以对它们进行振动分析。后一种类型的分析采用的是"有限元分析"（finite-element analysis，简称 FEA）技术，它最初用于计算飞机的应力，而用来对建筑物进行分析也取得了很好的效果，例如新建的毕尔巴鄂古根海姆美术馆（见第 28 章）。

"结构优化"则是另一种建立在计算机基础上的分析技术，在这项技术中，设计功能，如硬度、构造、重量以及通常最为重要的造价，都在结构限定的范围内得到了优化。这种非常数量化的技术在古根海姆美术馆设计中也得到了采用。到目前为止，这种类型的软件大多只在功能强大的工作站中得到应用，这主要是因为它需要集成的计算机系统，以便对大量相互关联的软件提供支持。另一方面，对于学生来说，他们应该一开始就可以在他们通常能够得到的台式计算机系统中视觉化地理解和表达结构方面的设计特征，而且，为了能够描述自己基本的结构分析公式，还应该能够让学生有机会去学习将计算机编程技术和 CAD 建模技术联系在一起的原理。在第 23 章的案例分析中我们将更加详细地讨论这种 CAD 原理。

【案例分析】　曼彻斯特卡斯特菲尔兹堡麦钱兹桥，惠特比·伯德及合伙人事务所

图 3.1　麦钱兹桥的 CAD 模型

我们在本科生的一门选修短设计课中选择了几何结构复杂的曼彻斯特（Manchester）卡斯特菲尔兹堡的麦钱兹桥作为主要的研究对象，将它作为对结构设计意图进行CAD 表现以及可视化的案例（见图 3.1）。虽然对结构方面意图的表现十分的重要，并且沿着弯曲的路径进行管式拉伸（见第四部分）的 CAD 建模也不轻而易举，但我们在模型中还是把设计的其他方面也表现了出来，包括这座桥的周围环境。它是 15 座已经建成的桥梁之一，处于布里奇沃特运河（Bridgewater canal）和罗奇代尔运河（Rochdale canal）的交汇处，跨度为 38.2m。紧张的预算、残疾人坡道、运河上空严格的净空要求，这些约束使得在高度上每增加 100mm，桥的长度就要增加 4m。设计方案是一个薄型的甲板结构（400mm 厚），沿着所要求的运动路线在平面上形成曲线形。

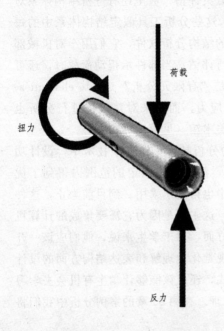

荷载

扭力

反力

图 3.2 拱和甲板之间的
主要管件的受扭情况

这座桥是由单一的拱进行支撑的，它自身又被甲板结构所约束，从而把两个类似的结构系统固定在一起（见图 3.2）。使拱与桥面相倾斜，使它和沿相反方向弯曲的甲板结构互相平衡，这样，赋予了整个结构一种动态感和雕塑感。所以，需要表达的最关键的设计概念就是把甲板结构作为一个"扭矩"结构的想法。平面上弯曲 62°，在甲板结构上产生了扭矩（见图 3.3）。甲板结构加上顶面板和底面板以及栏杆扶手边的钢管形成了一个闭合的扭盒。因拱臂受弯产生的刚性和因桥面受扭产生的刚性处于不同的平面上，它们的相互作用使拱管得到了限定。

为了使拱的外形获得"视觉上的延展感"，在运河的西岸，并没有简简单单地在拱的下方设置一个垂直的支撑，而是采用了钢悬臂。它的基础在拱的下方进行回转，以表

明所涉及到的结构力的运作过程。实际上，由此而产生的细小的钢支撑承担了更大比例的垂直荷载，而且限制了悬臂的偏转。扶手以十分简单的平钢条制成，安装在桥板上，与结构构件夹在一起，顶部的不锈钢扶手是延续的，焊在座子上。

这座桥的简单形式是借助以下一些在结构上互相分开、但又互有关联的作用力而实现的：

• 甲板的刚度，通过普通的弯曲作

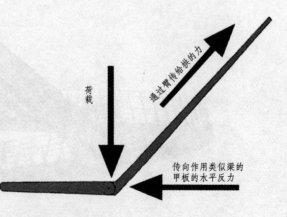

荷载

通过臂传势拱钩力

传向作用类似梁的
甲板的水平反力

图 3.3 在甲板上生成的扭矩的受力分解

用增强了桥梁的主跨对垂直荷载的承载能力（大约 30%）。

- 将拱臂平面上的力分解到拱平面上，这样在拱臂上产生弯矩并在甲板上附加了的扭矩。曲线形的甲板就像系住主受力拱的一条带子一样，它形成了一个新月的形状，这比简单约束的拱更适合于不均匀的荷载。

这里需要解决的问题是如何在 CAD 模型范围内表达这个方案所涉及到的各种结构力，因为这才是这项练习的目的，重要的并不是分别出现在结构受力图表或方程式中的各种结构力。不难发现，弯矩图、拱臂上的拉力和剪力图（见图 3.4～图 3.6）都可以表示和理解为简单的二维平面图，可以通过立面图来显示支撑点，也可以通过分层的方法把受力图相互叠加（见第四部分）。在表现受扭情况的时候会有些困难，或者更确切地说，是在表现扭矩的时候，似了需要 个更为动态的表现形式来体现它的影响，解决方法是将计算机动画技术应用于静态的 CAD 模型。为了做到这一点，需要创建两个三维模型，分别表示甲板受扭时的两极状态，让动画软件自动生成中间的图像。可以从图 3.7 所示的效果获得这种动画的一个初步印象。实际上，对于传达这种结构性概念而言，这里展示的 CAD 模型太过详细了，如果制作一个更为简单的模型来生成动画，效果会更好一些。

从这个简单的 CAD 建模和可视化练习中，我们可以得出以下几点：首先，应该注意到，在现在的台式计算机中，用来制作如图 3.1 所示的复杂三维弯曲的几何形式的 CAD 系统和制作如图 3.7 所示的动画的 CAD 系统是十分常见和大量存在的；尽管结构

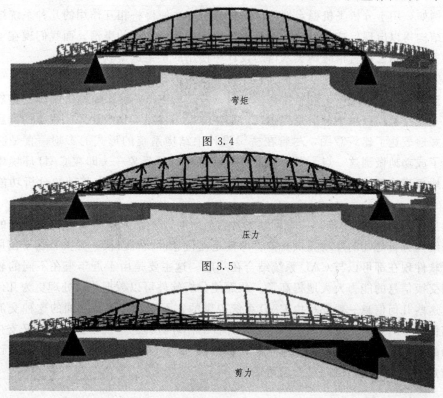

弯矩

图 3.4

压力

图 3.5

剪力

图 3.6

图 3.7　扭力——关键概念

分析软件要相对专业一些，但是它们仍有可能整合于台式计算机。这样，分析成分就能够运用于抽象的 CAD 模型（如本例中的立面图）中，而且分析的结果也可以直观并直接地在 CAD 模型中得到体现。

对于这座桥梁的设计而言，其意义重大之处在于设计师本身实际上是有意识地采用了来自其他学科的软件的建模和分析能力，如将飞机设计领域的软件用于建筑和工程设计。例如，用于分析飞机稳定性的计算机分析方法使得将相互作用的几种系统结合在一起的结构得以出现，这在以前的建筑设计中还是不可思议的事情，而我们现在可以发现，盖里在毕尔巴鄂古根海姆美术馆的设计中使用的正是这类软件。

桥梁设计是近年来体现了建筑学和工程学之间的相互协作的一个设计领域，例如由西班牙建筑师圣地亚哥·卡利特拉瓦（Santiago Calitrava）设计的桥梁就非常强烈地说明了这一点。我们可以十分清楚地发现，那些方案不仅很好地解决了工程上的问题，而且也很好地表达了建筑意图，尽管在桥梁设计中结构系统的形式的影响一直是决定性的。为了成功地做到这一点，要求设计师能够将建筑的景象——即在 CAD 环境中可以可视化地表现出来的景象——与以结构、构造方面的技术知识为基础的分析功能结合起来。

通过使用新兴的 CAD 环境，可以非常容易地对以三维形式出现的建构理念的表达和所需结构分析之间的互动提供支持。即使是在概念性设计阶段，强大且易于使用的结构分析软件现在都可以与 CAD 系统结合在一起。这主要是由于近年来在不同的软件环境之间交换信息的能力大大地提高了，从而使分析软件可以数据化地处理更为几何化的信息，这些几何信息一般都是由 CAD 系统提供的。不同软件平台之间的这种交流水平的提高促进了对更为迅速的分析—综合—评价的循环过程的重视，这反过来又支持了朔恩认为的"行动中的反思"模式（朔恩，1983 年），在"行动中的反思"中，设计师的意图与意图的图形表达之间进行着对话。

第4章 CAD与照明分析

大多数CAD用户都十分熟悉日益精良的渲染软件，它们可以模拟物体表面的光线效果。CAD渲染软件让用户可以设置各种各样的光源（如点光源、聚光灯、环境光源等），可以定义颜色、纹理、亮度以及各个表面上的其他各种属性。一旦确定了所有的这些因素，一系列的渲染"算法"（计算机计算程序），如高氏着色（Gourand shading）、方氏着色（Phong shading）、光线跟踪（ray tracing）和光能传递（radiosity）等都可以应用到CAD模型上。大多数的渲染软件都允许用户选择他们希望使用的渲染方法，而用户应该明白，渲染算法越精细，对渲染场景进行计算所需要的运算强度就越高。高氏着色具有消除由CAD建立的曲线表面上的许多小面的效果；方氏着色处理镜面反射（即来自高度抛光的表面的反射）的效果强于高氏着色；光线跟踪对从CAD模型到视点产生的每条光线进行计算，还可以用来突出阴影和反射，它还具有渲染透明和半透明物体的能力；而最先进的渲染形式则是光能传递，在光能传递算法中，每一个CAD物体的表面属性都是根据它放射出来的光能的多少以及它反射的光能的多少来定义的。

虽然每一种渲染算法都是建立在非常明确的数学模型的基础之上的，但是，学生往往只用这些渲染技术来创建他们所感知的那种"真实"CAD模型的渲染图。对这类软件比较具有分析性的用法是少关注一些复杂的算法，而更多地关注随时间推移而产生的阴影变化，如不同日期和不同年份的阴影变化，这样，并不十分高深的渲染技术就足以产生所需的结果了。关于日光路径的信息现在已经普遍地建立在大多数的CAD软件中，便于用户进行"光影研究"。

【案例分析】 约克郡艺术中心方案，斯图尔特·克雷根

建筑学生常常被鼓励为即将进行的项目或设计比赛提交他们的设计方案，尤其是当地的项目。在谢菲尔德（Sheffield）文化广场上的一个艺术家工作室的设计就是一个这样的项目。它位于奈杰尔·科茨（Nigel Coates）设计的令人印象深刻的国家流行音乐中心附近，设计大纲要求建筑物能够为精于珠宝、雕塑、制版等等各种工艺的艺术家提供一个创作环境。克雷根的设计方案的主要特点是将不同的工作室设计成几个明显的体块，它们支撑于一个将它们彼此分开的框架上，并悬在底层的一个很大的开放平面之上，较小的工作室则悬在较大工作室体块之间的缺口位置。图4.1所示的是这个方案的一个CAD模型，它演示了需要从什么方向对光照和阴影进行分析。

工作室的空间主要依靠工作室的端墙上的大面积的玻璃区域提供光照。在东南朝向的玻璃窗的设计中考虑了控制阳光的保护设施，在夏季可以为立面遮阳，免受阳光的直

图 4.1　CAD 模型显示需要分析的照明及投影的方向

接照射。另一端墙是玻璃的和半透明的，它朝向交通区域，而交通区域的立面也是玻璃的。从计算得出，一个大型工作室的平均日照系数是 2.7%，这个数据表明"自然照明"可以满足绝大部分的工作室空间的照明要求。有一条 500mm 深的天光带，它有 1m 暴露在外，其余的朝内，它在平均的日照系数之上增加了一些的"人工照明"的效果，它主要用于突显空间的特性，而不是为了增加实际的空间照度。这个方案全部选用荧光灯，是因为考虑到了荧光灯的长寿命、低能耗，而且，良好的色彩还原性使它们能够适用于大部分的任务。有一些艺术家可能需要用特殊的、适合于其行业的照明方法对这些照明进行补充，这在设计时也注意到了。

工作室和走道之间的空间由悬挂在走道上的吊灯进行照明，它们发出一簇簇的光。面对面的工作室的侧墙上装有泛光灯，这些泛光灯的小块的、不同颜色的点光穿过空间，照亮了对面工作室的墙。这些墙面泛光灯安装在底层工作室的底部边缘上，对它们进行维修和保养十分方便。另一排墙面泛光灯安装在位于第三层的女儿墙上或者第二层工作室的屋顶上，这样可以从第二层工作室的屋顶靠近它们，利于维护。一个面积很大的、开放的公共（教学）展示空间占据了下面大部分的底层平面，而这部分需要明亮的照明，这样，来自于底层的光线在晚间的时候会穿过建筑物，在展示空间和较黑的交通空间之间形成鲜明的对比。工作室在天黑以后会被照得通体明亮，这些光线将会穿过半

图 4.2　CAD 模型显示建筑的某些部分如何在某些玻璃区域投下阴影。日光路径图
显示在一年中的不同时刻，某一点在何时是处于阴影中的

透明的端墙进入走道并且通过玻璃立面穿射到建筑物的外部，这一情况又增强了前述的对比效果。对这个项目进行照明分析的第一步是对建筑方案的自然光的效果进行研究，可以通过制作日光路径图的手段来进行（见图 4.2）。

在日光路径分析图中，工作室空间用一系列矩形表示，而日光路径的圆心则放在工作室的玻璃窗的平面中点处（矩形的底边中点）。建筑物的南翼向后面的工作室空间投射了一个阴影，位于日光路径图中的阴影区域表明这部分玻璃区域在早晨期间（全年）将会笼罩在阴影之中，但是在下午的时候将会受到阳光的直接照射。

图 4.3 中左边的日光路径图显示外部的遮阳装置有效地覆盖了某个工作室的主要的玻璃窗。日光路径中的阴影区域表示窗子处于阴影之中的时间。由于遮阳装置在玻璃区域外的两个方向上都向外扩展，所以日光路径的阴影区域沿着一条穿过路径图圆心的直线结束。日光路径的阴影区域表示这部分玻璃区域在早晨期间（全年）将会笼罩在阴影之中，而在下午的时候将会受到日光的直接照射。

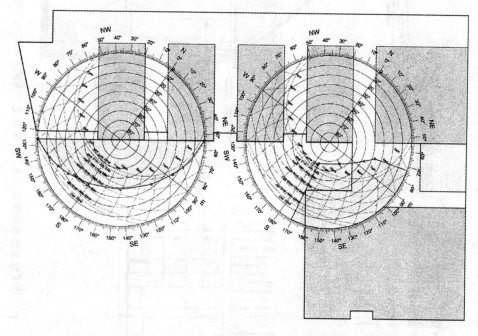

图 4.3　日光路径图，显示遮挡情况

这个特定的分析的一个有趣的特点是把 CAD 的日光路径信息用 CAD 物体（日光路径示意图）表示出来的方法，后者并不是有关建筑形式的 CAD 模型的一部分。将这些图形对象引入模型之中的目的纯粹只是为了支持对自然照明的分析性的研究。

图 4.4 展示的是对人工照明的分析，其中，人工光在剖面图上被表示为代表光线强度的圆锥形，而在平面图中被表示为代表不同光线强度的同心圆。这种类型的分析的目的是为了选择那些适合于在走道上制造出斑点状的光线的灯，并保证在所有相邻灯光的重合点处都能满足最低的照度要求。同样，所有照明元素的效果都被表示为示意形的图，这样可以更好地支持分析。

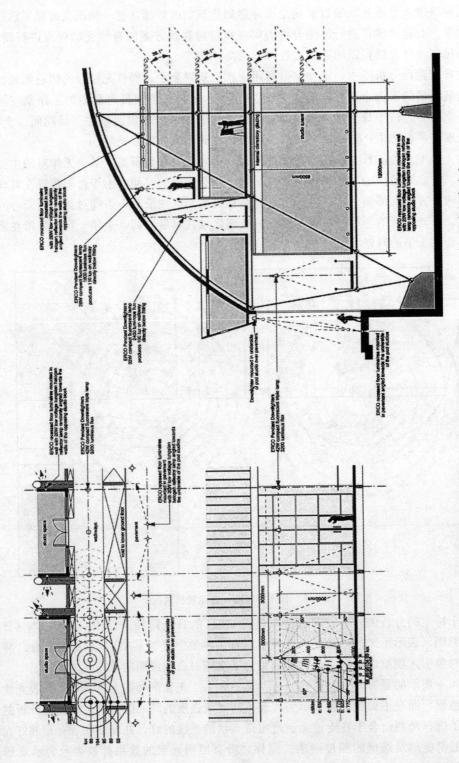

图 4. 4　室内照明装置的照明特性。光从照明装置下方的中心点向外辐射，强度相应改变

第 5 章　CAD 与声学分析

一些声学方面的建模程序可以引入三维 CAD 模型，并将这些三维模型用做空间声学模型的基础。声学建模程序是通过生成上千条声线来工作的，这些声线沿球体的所有可能的方向离开声源，并在房间的各个表面进行多次反射。房间各表面的性质和声线跟踪所生成的信息结合在一起，提供了对房间中声能的强度、到达的时间、传播的方向等各方面的预测。"声线跟踪"技术中的"声线"和光线跟踪中的"光线"在英语中是同一个词—ray。预测的声能流被表示为许多参数，声学家用它们来描述一个房间中声音的响度、混响、音色和清晰程度等。

建立声学模型所使用的房间的一个特征就是这个房间必须是"密封的"——否则，一些声线就会跑掉，从而影响预测的准确性。由于房间的表面是用来产生"镜面反射"的，所以不能使用曲面，它们必须表示为一系列的平面。因此，在创建作为声学模型基础的 CAD 模型时必须始终牢记这个使命。这些计算机模型可以提供更为详细的有关空间声学性能的信息，优于传统的方法，而且，现在还能够把房间的响应进行听觉化展示。例如，可以将一个声源放置在房间中，如一位歌手在舞台上歌唱，设计师可以选择从这个房间中的任何一个的座位上来聆听这位歌手的歌声。为了使结果令人信服，对这个声源的录音必须是"无回声的"，也就是说录音必须在一个声学上的"死"环境中进行，这样，录音棚的声效就不会被听到，只有 CAD 的模型中的房间才被听觉化。

建筑声学的一个主要的焦点问题就是对会堂一类公共建筑物中的大的厅堂进行声学分析（见图 5.1 和图 5.2），目的是为了提供适宜的演说清晰度和声音质量。音乐厅和剧院中的良好的声学效果应该能够使声音从舞台传送到观众席，使观众或者听众能够清楚地听到这些声音，且不失真。从观众席中间或周围的坚硬光亮的表面上反射的回声会使声音失真，因为它们使声音从两到三个不同的路径上传到观众那里。沿着不同的路径传播的声波在到达观众的时间上会有细微的差异，在观众听起来，这样的声音似乎是被扭曲了。因此，需要在空间的边界上（顶棚、墙体、地面）采用吸声材料，消除不必要的回声。许多音乐厅现在就是采用了这样的设计处理，使翻起的空座椅所吸收的声音和有人坐在其中时一样多。这样，无论座位是空的或是满的，大厅都可以保持一样的声学品质。

无论是新建筑物的建造还是现存建筑物的改造，不管是出于普通的目的还是特殊的用途，声学分析都是必要的。对于那些进行大部分活动时都不使用电声手段的厅堂来说，一个恰当的声学解决方案是极为重要的，而在那些使用了扩声系统的厅堂中，良好

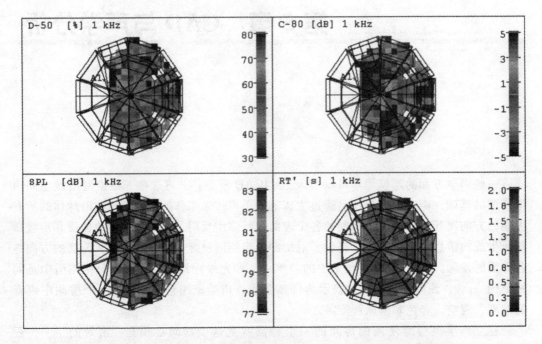

图 5.1 某个厅堂观众席的声学参数预测，由 Arup 声学公司建模

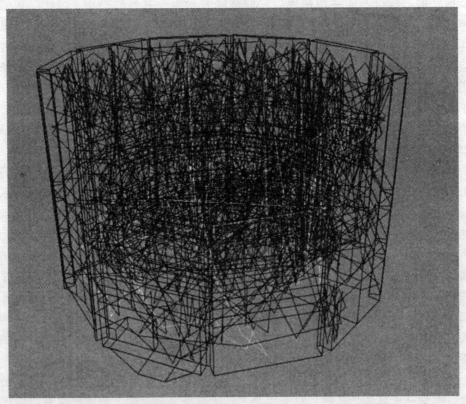

图 5.2 某个厅堂观众席的声线跟踪，由 Arup 声学公司建模

的声学条件也相当重要。在建筑声学发展的早期阶段，厅堂的声学设计主要仅限于提供一个适宜的混响时间，而技术的进一步发展以及厅堂以往的使用经验表明，在任何声学分析中，仅仅考虑混响时间是远远不够的。

对要测算的房间的声音效果进行听觉评估和"可视化表现"的听觉模拟现在已经可以在台式计算机上进行。计算任何位置上的声学响应常常需要对每个声源的成千上万的反射进行计算。经常计算的一项声学特性是空间双耳脉冲响应，它建立在对人的头脑的声学构造进行计算机模拟的基础之上，这项计算考虑了九个倍频程的声反射。听觉模拟可以用声音和视觉方式输出，用它可以对混响时间、声音强度、语音可辨度和清晰度进行分析。

与声场传播有关的声学质量分析正变得越来越重要，其重要程度与详细的声反射分析相当。随着客观声学参数和主观评价之间关系的研究的进展，新的声学分析标准已经得到发展。声学分析技术的一个副产品是它们同时促进了声学测量手段的进步。以 CAD 为基础的声学分析现在使我们能够更好地对一些特殊的建筑类型（如礼堂）的声学质量进行精确的预测，而下一步的工作就是要将声学分析技术更加紧密地与其他的设计因素结合起来，以支持在声学和其他分析性需求之间进行的设计取舍。一个有多功能要求的大厅的声学设计案例将证明这是非常有益的。

【案例分析】 GLA 大楼；建筑设计：福斯特及合伙人事务所；声学工程师：Arup 声学公司

对福斯特及合伙人事务所设计的 GLA 总部大楼方案（预定 2001 年开工）的声学环境分析是十分综合的，会议厅的几何形状和面层材料控制着空间的声学响应。会议厅的椭圆形平面形式、加上以玻璃墙体为主的设计要求，将会造成反射声的汇聚效果，形成一系列的声焦点。它们如果和某个听众在同一位置，结果将会产生一个很强的"热点"，在某些情况下还会形成十分清晰可辨的回音。在设计进程的各个不同的阶段，制作了一系列有关会议厅的三维计算机声学模拟，用以研究这个空间的声学效果。

在此过程中，生成了一个剖面，通过剖面设计以确保所有从玻璃墙体偏离的声音都被向上导出，不会到达任何与会者和旁听席。这些多余的声音在侵入房间的时候将被斜坡下侧和楼板下侧的材料吸收，会议厅的顶部也必须设计得能够吸收或者"捕捉"多余的声音。这个区域目前还处于不断变化发展的设计过程中。由一个斜肋构架界定的会议厅的墙壁区域形成了一个潜在的聚焦面，而一条螺旋形的坡道以及与它相连的栏杆在一定程度上分散了这种聚焦状况，这将通过更加详细的分析进行进一步的研究。

GLA 大楼的辩论厅设计的一个前提条件是可以在与会代表附近安置麦克风和扩音器等扩声系统，而旁听席也将使用小型的、分散的扩音器进行扩声。在这个厅中进行的演说将会非常清晰，同时还会伴随着一种与房间尺度相称的空间听觉感受。这个空间可以为以演说为基础的诸多事件提供良好的听觉效果，而扩声系统则可以对所有通常的、以演说为基础的活动提供辅助。它的安静的背景噪声水平还意味着，当说话的声音处于合适的水平时，这个空间还适于自然语音。尽管这个会议厅并不是专门为音乐演奏而设计的，但是它的形状和声学效果也同样适用于这种活动。

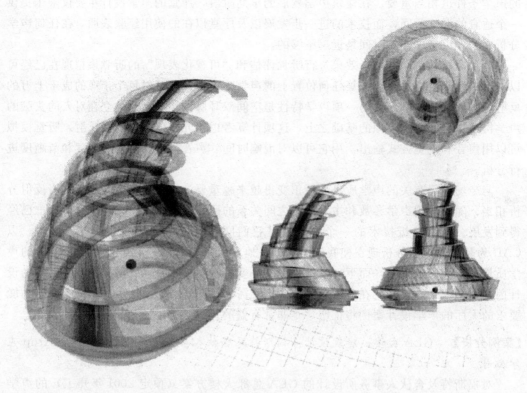

图 5.3

　　图 5.3～图 5.8 所示的都是 GLA 大楼方案的声学分析的示意性 CAD 模型，显示了点声源的方向和频率特性。线声源和面声源也可以用与此类似的方法进行分析。

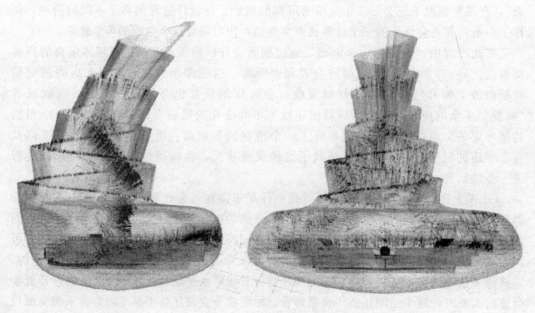

图 5.4

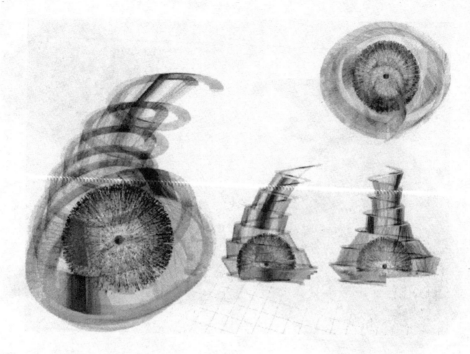

图 5.5

　　"包络"（envelopment）是分析中的一项声学特性，它是一种被声音包围的体验，依赖于迟于直达声超过 80ms 到达的侧反射声。

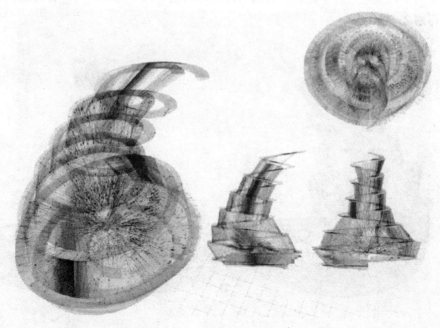

图 5.6

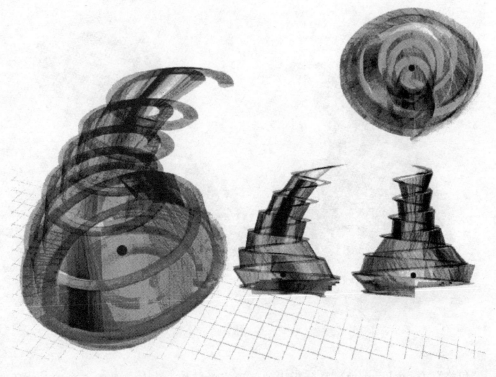

图 5.7

　　需要分析的另一项重要的声学特性就是不同频率的混响，这项分析的结果可以帮助我们在空间中对混响进行平衡，分析出的混响时间也必须考虑，因为声音会随着它的衰减而变得越来越深沉。

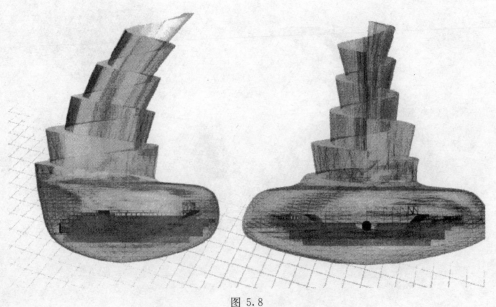

图 5.8

第 6 章　CAD 与热工分析

　　一些早期开发的 CAD 系统为了对建筑方案的性能进行评估，往往聚焦于一些特定和个别的环境分析任务，这些任务就包括环境系统，如通风和照明，而供热和能量系统则是其中尤为重要的部分。热工分析的范围包括从简单的 U 值计算一直到复杂的热工性能的动态模型的模拟。这些手段通常以各种标准程序为基础，对各种类型的建筑物进行评估和比较，这些标准程序包括由建筑设备工师特许协会（Chartered Institution of Building Services Engineers，简称 CIBSE）和美国采暖制冷和空调工程师学会（American Society of Heating, Refrigerating and Air-Conditioning Engineers，简称 ASHRAE）开发的程序。材料的性能需要由用户列出，作为输入数据，而图形化输出通常是以通过建筑物和周围空间的温度曲线图的形式出现的。以往，对建筑物方案的 CAD 建模和相应的热工分析模型一般都是相互分开、互不相干的输入和输出形式，这常常导致建筑师与建筑设备和环境问题方面的专家相分离。而现在，计算机软件在这两个领域之间的更为紧密的融合使得我们能够在同一个计算环境中进行分析和可视化。

【案例分析】　土耳其萨尔迪斯罗马浴室，马克斯·福德姆及合伙人事务所

　　为了拍摄一部电视记录片，在土耳其南部的萨尔迪斯建造了一座罗马浴室，马克斯·福德姆及合伙人事务所是这个项目的设计组成员之一。首先，制作了设计方案的一个三维计算机模型（见图 6.1），它的几何形体被用作数学模型的基础。这个模型被用来计算浴室里的温度、压力和空气流动，使用的是计算机流体动力学（Computer Fluid Dynamics，简称 CFD）技术。计算的结果使设计者可以对设计方案进行测试，它是设计组对这个罗马浴室的情况进行讨论的一个组成部分。而且，通过改变模型的各种物理

图 6.1　萨尔迪斯罗马浴室的 CAD 模型

特征，如火炉的放置和烟道的位置，其分析结果有助于对设计的过程进行指导，并有助于对一些似乎与现代工程实践不一致的古典罗马浴室的特点进行佐证。另外，还制作了一个计算机动画，用以显示浴室的几何形状，它简要地演示了热空气和烟是如何在房间里流动从而对浴室进行加热的，它也是 CFD 结果的一个图示表达。图 6.2 和图 6.3 展示的 CAD 模型的一个有趣的特征是在渲染表现图中采用了透明，它有助于更清楚地表达建筑空间，否则的话，这些空间就会难以分辨。

冷水浴室（1）或者称作冷室的房间是不加热的，这个房间里有一个被称为 baptisterium 的冷水浴池（A）。

高温浴室（2）或热室是加热的，温度通常在 50℃ 以上，湿度也很高。这个房间里有一个被称作 alveus 的热水浴池。

温水浴室（3）或温室连接着冷水浴室和高温浴室，它是使人们逐步适应环境的一个过渡房间，它的温度被加热到 40℃ 左右。

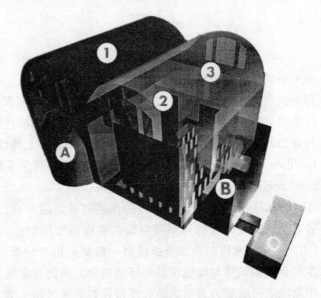

图 6.2 CAD 表现图中透明的使用

外部的火炉（a）通过燃烧木材为浴室供热。一条地下管道从火炉直通热坑（c、d），即两个加热房间下面的空间。火炉的热气还提供了地板采暖。

另一个小火炉（b）可以调节各个房间的温差。

热室里的空管墙（e）使气体能够流通到这个房间的各个墙壁上，通过墙体进行热交换。

火炉气从热坑穿过砖砌的烟囱最终从上部消散。

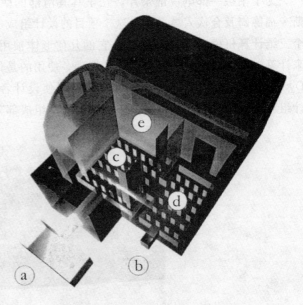

图 6.3 透明的 CAD 模型的顶视图

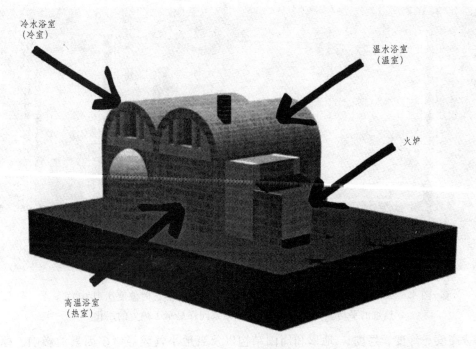

图 6.4   不透明的模型

这个特别的建筑形式（见图 6.4）的设计基础是一套经过试验和测试的罗马设计方法，下面的这段文字对这种方法进行了很好的描述：

"每间浴室都布置在约 2ft（0.61m）高的基础之上，浴室的顶棚支撑于彼此间隔 1.5ft（0.46m）的成排的柱子之上。火炉以及在它前面的火房，占据了这个设施的中心位置，从这里，热量通过地下室进行传播，并沿着墙中的陶制或铅制的管道，上升到浴室中。浴池所需的冷水、温水或热水来自于位于火炉上方的三个水箱，它们通过管道彼此相连。在地下室上方，浴室或远或近地围绕着火炉，根据所获的热量，它们被区分成温水浴室（热气浴室）、热水浴室和冷水浴室。浴池或浴盆位于热水浴室和冷水浴室的中央，凳子和椅子沿墙摆放，或者放置在壁龛上，在长方形热水浴室的短边上的凹龛里，放置着一个扁平的浴盆，里面装满了冷水，人们热浴之后可以跳入其中。"［古尔和科内尔（Guhl and Koner），1989 年］

如此详尽的描述使我们可以对基本的空间和要素进行建模，但要很好地转入到热工分析还要依赖于对空间中温度的分布进行测定以及一些重要的细节，如火炉输入的热量等。一旦一个基于这样的描述的 CAD 模型被建立起来，就可以通过使用 CFD 手段来建立有关流动空气的路径及温度的模型。为了能成功运用 CFD 方法，必须把 CAD 表达转换为一组网格点，然后在每一点上求解数学方程式，其结果就可以生成围绕表面或穿过通道的温度曲线图。

为了获得一个彻底的能量分析结果，在任何分析之前必须完成的计算机表现中必须考虑到一些环境因素，其中包括与设计方案有关的位置信息，因为能量的性能会直接受

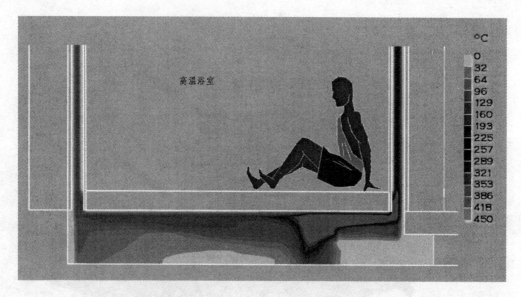

图 6.5　CAD 模型的分析显示，空气从火炉中进入热炕时温度达到 400℃，
热炕的平均温度为 100℃。分析结果同样显示了热力的层化

到海拔高度、纬度、经度、地形和周围结构以及当地小气候等诸多因素的影响。标准的天气数据现在已经日益广泛地在设计实践中得到使用，外部环境中的温度可以按照每小时、每天或每个月的数值提供。在能量分析中使用到的一些其他的天气数据还包括风速和风向、太阳照度以及湿度等。动态的热工模拟软件可以分析与建筑物结构、质量流、供暖设备系统有关的能量问题，模拟的时间可以从几秒到几个小时。CFD 计算还被应用于对空气流通和建筑中的热量传输进行模拟。通常形式的图形输出方式是温度分布图，如图 6.5 中的那张关于某加热空间的空气流动的温度分布图。这些图表同样可以用于研究建筑物围护结构的其他方面的性质，如绝热性等。在比罗马浴室更为复杂的建筑中，它们还可以被用来评估备选供暖设备的容量，评估它们在建筑物中各个备选位置上所产生的不同效果。

第 7 章　CAD 与生物气候分析

【案例分析 1】　某办公建筑，哈姆扎和杨建筑师事务所

哈姆扎和杨建筑师事务所（Hamzah & Yeang Architects）的杨经文教授在设计中关注生态问题已经有一段时间了，相对建筑的审美方面或者社会方面的问题，其焦点更多地集中于建筑的系统方面，他从一开始就非常注重以正确的方法来处理与设计问题相关的环境间的相互作用（杨经文，1995 年）。

"在任何设计转入形式问题之前，设计师可以使用互动框架来制作表达设计问题结构的直观的图表，这些图表可以把它们之间的关系进行图解，为了抓住设计问题的实质，人们需要能够理解这些关系。活动、关系、事件以及位置都应该能以一种包含了它们本质特征的方式图表化地表达出来，并结合在一起，显示出相互的关系。"（杨经文，同前）

沿赤道地带的一个公共机构的办公建筑项目（见图 7.1）就是这种设计观点的一个新近成果。它基本上是由被一系列桥所分开的两个体块组成，并有一层跨越了两个体块。这个形式是由设计生物气候建筑（见图 7.2 和图 7.3）的一种特别的方法决定的，在这种方法中，设计师的原则出发点是设计必须首先对所有被动设计策略进行优化。被动设计策略包括以下各方面的设计，通过这些方面，建筑可以与所在地的气候条件相适应：

- 建筑物的外形
- 建筑物合理的朝向
- 植物和景观的应用
- 风和自然通风
- 建筑物的色彩
- 立面的设计
- 阳光的防护

图 7.1　赤道带上某建筑物的完整的 CAD 模型

杨教授的每一个设计项目都可以看作是下一个项目的原型，是试验与创新的基础，在他的设计中，形式从各种概念性图解中不断发展，这些图解是对建筑外形产生影响的各种因素的描述，至于这些图解是手绘的还是在计算机环境中生成的，并不重要。

在这个特别的方案中，杨教授在建模的第一个阶段并没有使用计算机，而是采用实物模型，而且是 1∶1000 的相当粗糙的模型。这个阶段完成以后，才按照 1∶200 的比例绘制了 CAD 图，以此为开始，这里所示的 CAD 模型才被制作出来（见图 7.2 和图 7.3）。一旦介入了环境方面的标准，建筑的布置基本上就依照基地的形状了。

图 7.2 生物气候性方案的模型

图 7.3 生物气候性方案的模型

【**案例分析 2**】　瑞士 Re 办公楼，福斯特及合伙人事务所

　　一种更为详尽的生物气候分析方法是应用 CFD 技术手段对环绕建筑物的气流进行计算机模拟，它可以有效地创建一个计算机风道（Computional wind tunnel），可以实现对各种不同类型的建筑物形式进行分析，比使用实际风道更为快捷。现在尽管 CFD 技术已经被建筑科学家使用了很多年，但在台式计算机上使用这种技术还仅仅是相当近期的事情，而风力分析只是各种软件提供给建筑师和规划师进行环境分析和评价的诸多手段中的一个。对新建筑方案进行风力分析可以帮助设计师设计出可以在周围空间中提供良好的室外小环境的建筑布局，减少单个建筑物的气候压力，减少细部设计的反复，伸律筑物的使用与维护费用降低。图 7.4～图 7.10 展示了可以从这种分析获得的视觉效果，它们都来源于福斯特及合伙人事务所为瑞士的 Re 再保险公司办公大楼设计的方案，以流动的纹线形式展示了风流是如何围绕方案建筑进行运动的。

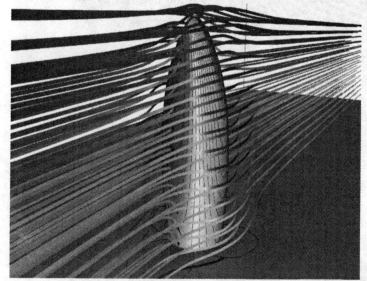

图 7.4　围绕着瑞士 Re 办公楼设计方案的风流情况

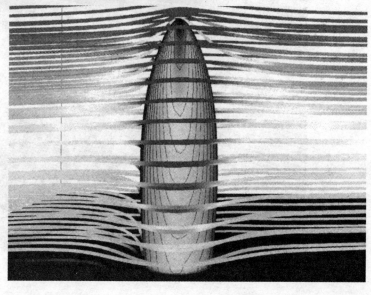

图 7.5　风流的立面图

　　过去，对 CFD 模拟持反对意见的设计师们的一个论点就是 CFD 模拟往往会产生非常多的信息，超过了可以在设计过程中很好地理解和使用的数量。不过，既然能够在 CAD 模型中三维地将分析结果可视化，而不再需要借助图表的形式来说明大量的数据，那么设计师就可以减少后续的分析工作，从而节省了大量宝贵的设计时间。

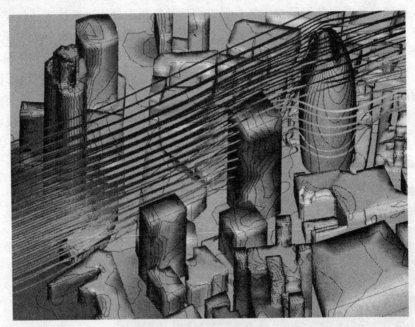

图 7.6　穿过基地的风流

图 7.7　穿过基地的风流

生物气候软件的最近发展使我们可以可视化地研究风与建筑方案形式之间的相互作用以及这种作用对建筑形式的几何形状、方位、结构和构造等方面的影响。对没有经验的人来说，这种可视化所基于的 CFD 的数学技术可能是潜在的"雷区"，然而事实表明，可以进行一定的简化，使它在用于处理某些几何形体时没有这么麻烦。其中的第一项内容关系到与压力系数有关的概念，即气流与高层建筑形式之间的关系与尺度无关［威尔逊（Wilson），1982 年］。在福斯特及合伙人事务所为瑞士的 Re 大楼设计的方案的案例中采取这样的假设是十分合适的，这个方案中建筑物的高度是 185m，这样的高度使它成为伦敦的迈尔广场（Square Mile）上最高的建筑物。

另一个可以计人接受的简化是忽略邻近建筑物的影响，从而可以集中研究设计中的建筑物的形式。这个领域的工作经验表明，在任何对建筑物的风模拟中，只要有近似的风动和风形的模型以及周围的主要建筑物的模型就足够了，这样，对设计目的而言，已足以得到足够精确的结果。

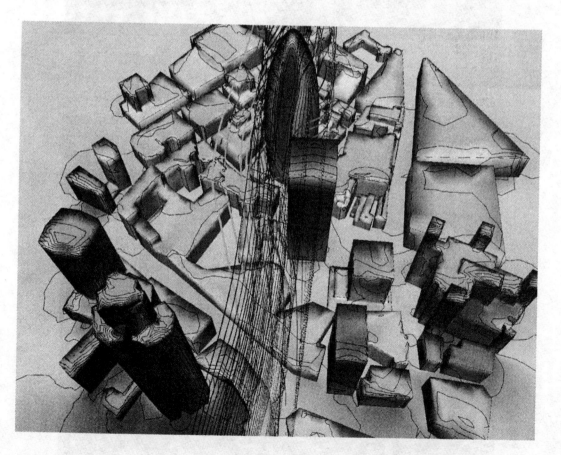

图 7.8　瑞士 Re 大楼模型周围的风流的顶视图

图 7.9   通过周围建筑物的示意性 CAD 模型的风流的分析

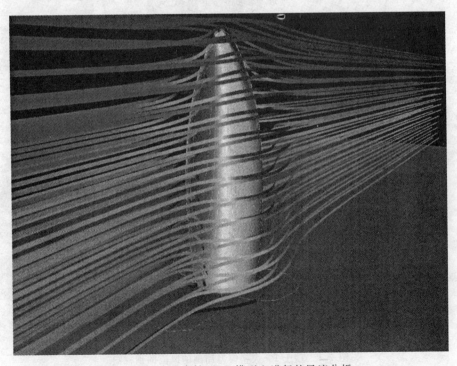

图 7.10   在示意性 CAD 模型上进行的风流分析

第 8 章　CAD 与空间分析

空间句法

"空间句法"（Space Syntax）是由伦敦巴特莱特建筑学院（Bartlett School of Architecture，London）的比尔·希利尔（Bill Hillier）最早发展出的一种分析手段，它主要用于城市空间的分析，但也可以用于分析建筑物内部的空间。将这种手段应用到城市设计之中所依赖的根本性的原理是认为城市的空间布局会影响它的运动和使用模式。

空间句法分析的结果可以生成一些标准值，如"空间的可懂度"，这是对总体城市空间和地方特征之间的关系进行的量度。

假定有一个如图 8.1 所示的城市空间，我们就可以构造出一个"轴线图"（axial map），它由覆盖整个平面的最少的和最长的直线所组成（见图 8.2），轴线从某一视点尽量向前延伸，只要从这一视点可以看见并可直接到达。另外，可以制作出一个凸面图（convex map）（见图 8.3），它由覆盖这个城市平面的那些最大和最"肥"的凸空间组成。无论是从轴线图还是从凸面图开始，分析的过程都是把它转化为曲线图，然后计算出这个曲线图中的任意一点到其他任意一点的"深度"值。如果为了到达某一点而必须穿过一些空间，那么在两个点之间的深度关系就是所穿过的空间的数量。通过对不同空间的深度值进行数字上的比较，可以显示这些空间与城市环境融合或分离的程度。这项技术已经应用于城市或城镇新街道的定线的分析，以达到改善某些区域之间的结合关系的目的。

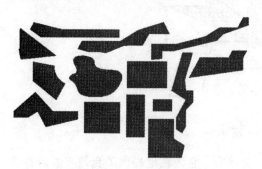

图 8.1　城市平面

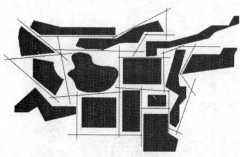

图 8.2　轴线图

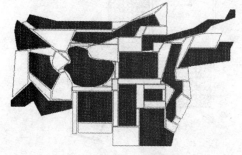

图 8.3　凸面图

【案例分析】 波萨尼奥石膏雕塑画廊，卡洛·斯卡帕（Possagno Plaster Cast Gallery, Carlo Scarpa）

本例所示的是将空间句法应用于建筑形式分析的一种可行的方法，这里的例子不是城市空间。本案例中的建筑物是一个雕塑馆。在如图 8.4 所示的建筑平面图中，可以绘制出一个凸面图，代表位于建筑物内部某一个特定位置的参观者的视线锥，视线锥本身可以穿越门窗进入外部的空间。当参观者在建筑物内部移动时，可以绘制出图 8.5 和图 8.6 所示的相应的视线图。随着参观者在空间中的穿行，这些图的可变程度可

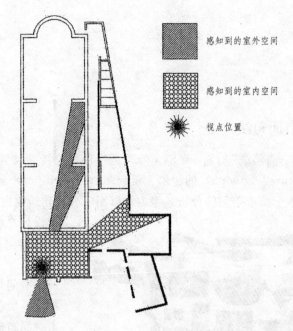

感知到的室外空间

感知到的室内空间

视点位置

图 8.4 第一个位置

以作为对画廊一类的建筑物进行空间分析的一个标准，它潜在地提供了我们所需的有关建筑空间中的兴趣集中和分散程度的信息。

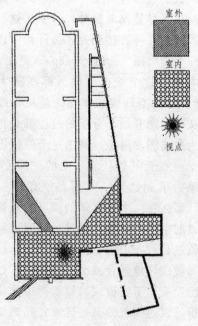

图 8.5 第二个位置

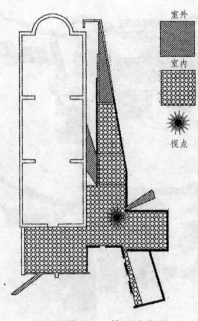

室外

室内

视点

图 8.6 第三个位置

形状文法

形状文法（Shape Grammar）是另一项用于对图形的空间属性进行分析的著名技术。在形状文法中，代表设计物体的形状表示为由线条（线图元）组成的形状的各部分之间的关系（见图 8.7）。正规的形状文法由一些符号性的实体之间的关系集和转换法则组成，后者用于生成新的符号表达［斯蒂尼（Stiny），1975 年］。形状文法通过一系列替换法则来执行，在法则左侧的形状可以被法则右侧的形状所替换。组成形状的线条无论如何都不会被当作设计物体。可以给形状做上"标记"，以便和相似的形状区分开来，标记常常标示出形状的方向。在图 8.8 中，在法则 1 中有一个星型的标记，而在法则 2 中被移除了。

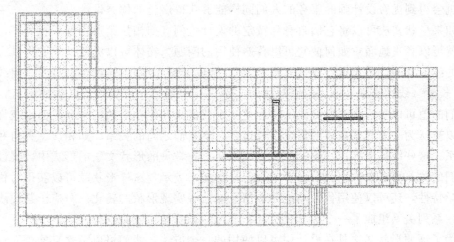

图 8.7　分析之下的绘图

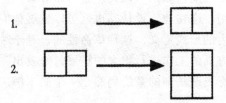

图 8.8　形状文法的例子

形状文法所基于的观点是认为设计物体的重要性质可以从设计图（通常是平面图）中抽象出来，而且还可以从"句法结构"的角度去理解。形式的文法可以根据可感知的、抽象的设计结构而被创造出来［克里希纳穆尔蒂（Krishnamurti），1981 年］。这些文法进而可以被用于生成新的设计实例，它们保持了现存优秀设计作品的特征［奈特（Knight），1980 年；科宁和艾森博格（Koning and Eizenburg），1981 年］。形状文法法则的规范性特征将这种系统的用户减弱成设计过程中的被动角色。

"在形状文法系统中，操作模式是通过用户可以反应的图案匹配机遇来进行识别的"［武伊托维奇和福西特（Wojtowicz and Fawcett），1985 年］，这意味着用户可以接受或者拒绝系统生成的设计变化实例。正是当前应用的形状文法的这个特性使它更接近于专家系统而不象是 CAD 系统，不过，专家系统领域的研究并不在本书的范围之内。

　　形状文法最常见的用途是用于分析著名的和已经完成的设计方案，而且有人宣称它还可以以一种"生成"的方式运行，可以产生新的设计实例。目前的运用包括对优秀的设计范例的研究，对那些公认的优秀的设计师过去的作品进行研究，从他们的图中推导出线形物体之间的抽象关系。研究者相信他们在设计中的确采用了这些关系（间接地或直接地）。然后，这些关系被翻译为特定的文法并以法则系统来运行，这样，我们就有了新设计的帕拉第奥别墅（Palladio villas）［斯蒂尼和米切尔（Mitchell），1978 年］，赖特住宅（Frank Lloyd Wright houses）（科宁和艾森博格，同前），它们都是根据各自的文法在这些设计师去世很久以后生成的。在现阶段，有人争辩说我们应该能够开发出把当代优秀设计师的设计作品的抽象结构也包含在内的文法，并且这些文法能够使那些没有机会得到优秀设计师的服务的人们同样能够获得广泛的优秀设计。

　　如果形状文法可以将它们自身和特定的设计范例（如帕拉第奥别墅）相分离，那么我们就可以真正地面对如何使它可以普遍使用的问题。物体可以泛泛地被看作具有特定性质的线，这些性质包括：线性（直和弯）、强度（粗和细）、连续性（点线、虚线、实线）、长度（线性量度）等，它们对线的实例进行了描述，可以给出具体的数值，或者说它们的值可以参数化。参数化的意思是一个数值从其他性质的关系和数值中获得。形状可以被认为一条或多条线的集合，通过存在于它们之间的关系，如相连、夹角和距离等关系，这些线被捆绑在一起。关系生成形状。在常见的形状文法的形式中，线性物体和它们的关系可以在一个代数环境中用符号形式来表示，这样形状就可以获得对称之类的数学特性，还可以使用代数功能如加法、减法等实现形状的转化。对应于某类线性物体的一系列关系组成了一个形状文法，它通过一系列替代法则进行操作。

　　为了证明形状文法是在设计中可以使用的一个方法，我们可以考察它能否允许设计师修改已有的法则并增添新的法则。如果可以，它就可以有效地让设计师表述他们自己的文法并增加他们自己的法则，潜在地，设计师也就可以发展他们自己的设计语言，可以使用使他们获得计算机威力的形式定义。这种革命性的、基于法则的系统的设想的实现还需要对当前的形状文法方面的工作进行很大的扩展。开发出一个能够支持不同形状文法的执行并允许使用者随意更改法则的系统仍然是一个尚未解决的基本问题。

第 9 章　CAD 与设计理论

最适合于用 CAD 进行分析的设计理论是关于形式和空间的布局和秩序等方面的理论。将 CAD 应用于一些设计先例中尚未发现的关系的分析，其范围和潜力已远远超过了当前在建筑院校中教授的内容。无论设计的功能、目的、语境或意义如何，学生必须"能够认识到形式和空间的基础要素，理解它们在一个设计概念的发展过程中是如何被处理和组织起来的"[钦（Ching），1996 年]。通常，一个形式分析都是从一个一般形式的 CAD 模型开始的，它可以是一个直线型的平面或一个三维的体积模型。然后，为了阐明和理解设计方案，后续的分析就会试图去显示特定的设计因素如何导致了这个形式的转化，而不是展示设计师是如何对它进行设计的（贝克，1989 年）。

【案例分析】　斯坦别墅，勒·柯布西耶（Villa Stein，Le Corbusier）

与采用详细而真实的 CAD 模型不同，利用如图 9.2 所示的这种示意性的分析模型

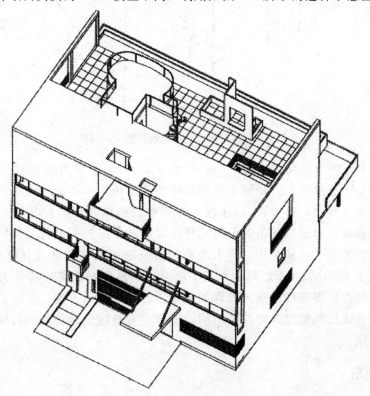

图 9.1　柯布西耶的斯坦别墅的写实性 CAD 轴测图

使设计者可以对不同的建筑形式进行"比较分析"，而在写实性的表现中（见图 9.1），这些形式会显得没有什么相似性。通过把特征突出出来，如在本例中以一个三维网格显示比例关系，可以使我们欣赏到不同时期、不同规模的建筑的异同点。罗（Rowe）（1976 年）已经对这项技术进行了生动的描述，而克拉克和保泽（1985 年）则对它进行了图示化的发展。

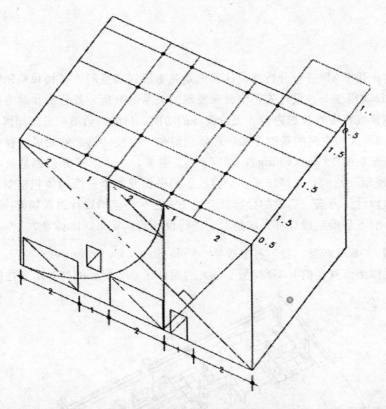

图 9.2　柯布西耶的斯坦别墅的比例网格

贝克认为，作为发现"母线"（generating line）的一种方法，对形式的几何性质进行分析是十分重要的，象柯布西耶这样的建筑师所采用的母线是他们进行进一步设计的基础（贝克，同前）。母线成为方案中的韵律特征，它是贝克进行运动和循环分析的基础。对这些线条的分析同样也可以基于更加明显的几何特征，例如它们之间的比例关系。在建筑中，绝大多数时候采用的比例关系（有时称作标量比）往往都是处于 1∶1～2∶1 之间。为了实现设计的目标，建筑物和更大的城市项目之间的比例过渡需要仔细的规划和详细的设计。以人类对不同比例的差异的感知为基础的设计方法已经被建筑师广泛应用，一个经常被建筑师使用的特殊的比例关系就是黄金分割。

黄金分割

一个黄金分割比的矩形可以通过绘制一个弧来构造，这个弧以正方形的某一条边上的中点为圆心，从正方形的某一个角开始，如图 9.3 所示。黄金分割还可以从下面的斐波纳契数列得到：

$$1, 1, 2, 3, 5, 8, 13, 21, \cdots$$

这组数列中的每一个数都是由其前面的两个数字相加得到的，用这组数列中的任意一个数去除它前面的那个数所得到的商近似于 0.618，它加上长度单位就产生 1.618 的黄金分割值。在建筑形式的模型中，黄金分割只是可以用作分析明显的设计-理论特征的许多基本的比例关系之一，而比例关系也只是在设计形式的理论研究中采用的许多分析标准之中的一种。例如，克拉克和保泽（同前）发展了一套分析框架，它包括以下的各种特征：结构、自然光线、体量、平面和剖面的关系、对称和平衡、交通和功能的关系、重复性元素和独特元素之间的关系、单元和整体的关系、几何形状、方案中主要的加法和减法成分、层级组织以及组织关系图等。无论把哪种分析标准作为重点，基于CAD 模型的多重图示分析的叠加可以让我们在设计方案中把主要的关系提取出来。在CAD 环境中，这种叠加可以在平面图中或者是剖面图中进行，或者如图 9.2 所示那样，和完整的三维模型结合起来。

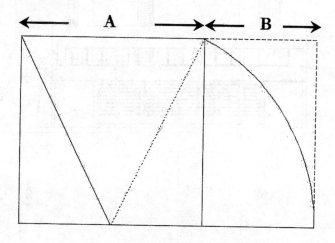

$$A : B = (A+B) : A \sim 1.618$$

图 9.3　黄金分割的几何构造

【案例分析】　*波西的萨伏伊别墅，勒·柯布西耶*

将黄金分割比例这样的分析标准应用于波西（Poissy）的萨伏伊别墅（Villa Savoye）的平面和剖面的分析中，分别生成了图 9.4 和图 9.5 中的示意图。这种图可能比那些常常出现在建筑史书籍中的、已建成建筑的图片更有意义，后者往往无法使学生们对建筑的设计过程有所了解。在这里，黄金分割作为这个设计的显著特征就被凸现了出来。当然，借助于尺子和圆规，利用人工制图技术也可以揭示这一特征，但是 CAD 功能让使用者可以相对比较容易地构造弧线并寻找像中点这样的几何特征点，因而 CAD用户不应该忘记去利用它的这一优越之处。

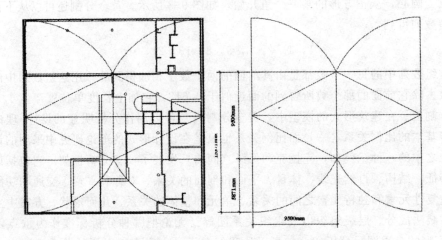

图 9.4　柯布西耶的萨伏伊别墅的平面分析中的黄金分割

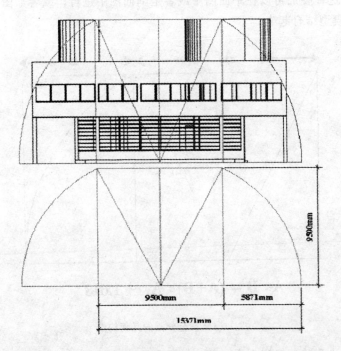

图 9.5　柯布西耶的萨伏伊别墅的剖面分析中的黄金分割

模数

　　由于勒·柯布西耶自己创造了一套建立在斐波纳契数列基础之上的、他称之为"Le Modulor"的比例系统，所以在萨伏伊别墅中发现黄金分割关系也就不足为奇了。Le Modulor 包括两个相关的几何数列——红色数列和蓝色数列，红色是主要的数列。红色数列的初始值是 1830mm，每个成员数字增长的比率是 1.618，这个数列也可以向回推算。蓝色数列的成员数字是与它相对应的红色数列的数字的两倍大小，如图 9.6 所示。每个红色数列的成员数值是它两边的两个蓝色数列成员数值的算术平均值，而每个蓝色数列的成员数值是它两边的两个红色数列成员数值的调和平均值。

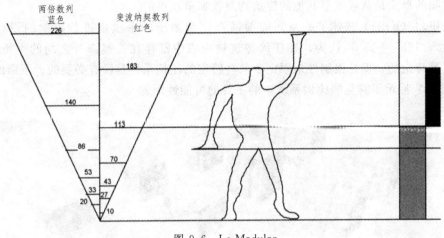

图 9.6　Le Modulor

塑数

汉斯·范德拉恩（Hans van der Laan）也创造了一个比例系统（范德拉恩，1983年）。这个比例系统是以下面的数列为基础的：

$$1，1，1，2，2，3，4，5，7，9，12，16，21，\cdots$$

在任何以四个数为一组的序列中，第四个数始终是开始的两个数的和。随着项数的增加，相邻数字之间的比例趋近于 1.325。这被称为塑数（Plastic Number）。不同于勒·柯布西耶等建筑师主要用于平面图、剖面图和立面图的黄金分割，范德拉恩声称塑数具有三维的特性，当不同平面上的元素在三维空间中相交时，将它用于三维连接的设计，这种特性显得最为清晰。塑数数列（见图 9.7）只有 8 项（它们都是有理数），因为它们是可以被人们感性区分的。

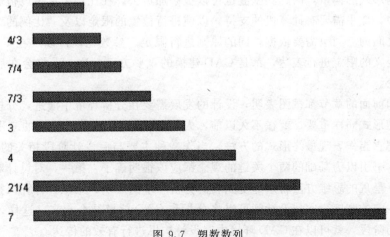

图 9.7　塑数数列

在分析和设计过程中采用比例系统只不过是在设计表达中把建筑物的各个部分清晰连接在一起的一种技术。清晰连接使设计师可以将整个建筑物和较小的各个部分联系起来，并最终和作为尺度单位的基本部件联系起来（范德拉恩，1983 年）。范德拉恩认为建构空间的形式是从墙体等其他的建筑物对象那里获得的。

克里尔（Krier）描述了一系列需要通过比例系统的手段来进行控制的设计操作（克里尔，1988 年）。他认为，在任何建筑物构成中都存在关键部分之间的类推关系，这一点是肯定的，但是强制性地限定于某些特定的比例系统是没有必要的。下面的模型（见图 9.8）展示了常见的比例系统中的主要的可能性配置。

图 9.8   以黄金分割以及其他的比例系统生成的一些三维形式

从图的前边往后看，首先，对角线限定面的形状大小，而构造参考标记用于控制进一步物体的放置。门窗等开启可以参照这些三维构造线来设置。另外，作为直接来源于现存的结构形式的体量，门廊和壁龛也可以被添加进去。在比例关系可以被表达出来的设计过程中，似乎需要有计算机的支持，以使进行位置的限定以及“比例的”参数化缩放。建筑之间的空间也需要依据相同的原则进行限定。参数化设计以及在 CAD 模型中对用户自定义的限定进行表达，都是 CAD 建模的重要方面，这一点将会在后面的章节中进行讨论。

本章和前面的章节都试图表明，设计的发展需要在分析环境中演进，分析环境的表达和设计的形式同样重要。就在不久以前，人们对 CAD 在建筑设计中的应用的看法还一直限于把它当作表现最终形式的方法，当作一种主要与后设计阶段相关的一种活动。而现在，本书引以为基础的两个关键的观念都应该很明确了：第一，对设计对象进行思考、建模、呈现的思维方法将永远受到它的分析环境的影响；第二，计算机技术现在已经发展到一定的高度，它使设计师可以将分析和 CAD 建模结合起来，这样，在设计过程的更早的阶段，就可以在 CAD 环境中对设计构思进行有效的传达。

第三部分　CAD 物体

第 10 章　二维物体

　　在大多数的 CAD 系统中，线条通常是由顶点再加上位于顶点之间的东西来界定的。在建筑实践中，建筑师常常使用不同宽度的连续直线或曲线、彩色虚线和点划线以及空白线条等。不过，有一点十分明显，那就是在许多情况下，尤其是在一个设计的早期阶段，建筑师并不十分在意线条（多数是徒手草图）的端点的精确位置。而大多数 CAD 系统的一个固有的特征就是所有线条的位置仅仅是由顶点来决定的，这就在一定程度上带来了限制，因为它常常迫使设计师在还没有决定绘图元素在设计方案中所处的位置的时候就必须指定图形元素的精确位置。如果读者认为这不过是对当前的 CAD 软件的一点小小的批评的话，那么他应该查阅一下保罗·克莱（Paul Klee）为他在包豪斯（Bauhaus）的学生所著的有关徒手草图的研究（克莱，1925 年）。在书中，克莱十分清楚地表明，像线条这种十分简单明了的元素存在于决定了它们应该怎样被理解的分析环境中。克莱总结的四个主要的分析环境是成比例的线条和结构、尺寸和平衡、重力曲线、动感与色彩的能量。尽管本书的这一部分的主要目的是讨论大多数学生和设计师都可以接触到的那类 CAD 系统所提供的物体，但是我们没有任何理由去限制设计师在工作中使用的表达方式，它们可以是各种各样，丰富多彩的。在本书的后面部分，在一些更先进的案例研究内容当中，如盖里的毕尔巴鄂古根海姆美术馆方案（参见第 28 章），我们将会介绍一些新兴的 CAD 系统，它们使更大程度的表达成为可能。

　　在能力有限的台式计算机上的 CAD 系统上工作时，确定点的位置是进行任何制图操作所必不可少的开端，问题在于如何使点出现在你所希望的位置上。对于这个问题有两个基本的处理方法，第一个方法来自于建筑实践，而第二个是实际中大多数 CAD 系统所采用的方法。在建筑实践中，人们首先在制图平面的任意处画出一条任意长度的直线，然后通过明确的几何关系和距离值来决定其他点和线条的位置。最常用的几何关系是垂直和平行，它们都可以通过使用传统的丁字尺和三角板来绘制，用这种方法绘制的图受所选的几何关系的影响，但是在尺寸上可以有无穷的变化。

　　而在建筑草图中更重要的是要能够表达诸如"两条线段平行并相距一定的距离"或

"两条线段正交"等这类关系，不用去管特定的坐标位置。当然，在大多数的 CAD 系统中，在依据特定的端点坐标值绘制特定的线条时，这种普通的关系也可以轻而易举地被表达。然而，读者就应该记住，线条一旦被绘制出来，当它们的性质发生改变时，企图使预想的关系在更改前后保持"一致"是十分困难的。通常，在以前的系统中，做到这一点的唯一的办法就是重新描述图中有这种关系的部分（删去已经画好的线条并增加新的线条）。人们当然希望 CAD 系统能够保持这种几何关系的连续性，也就是说，当图形发生改变时，这种关系还应该能够成立。一边是设计师希望创建图形表达，而另一边是 CAD 系统实际提供的物体类型及操作方法，这两者之间的不一致一直都是许多研究者关注的主题（沙拉帕伊，1988 年；比伊尔，1988 年），但是它们并不在本书的这个章节的讨论范围之内。然而，这并不是一个可以轻易绕开的问题，这个问题还会在后面的一些章节中再次出现。在那些大规模的设计项目中，一些复杂的设计关系需要能够被保持。

线

在任何 CAD 系统中，线都是最基本的二维物体。直线是使用频率最高的，因而它也具有最广泛的属性，如厚度、线型、颜色以及箭头一类的端点标记（见图 10.1）。由于在建筑实践中大多数的绘图仍然是二维的，许多设计单位发展形成了许多非常有效的习惯，将不同式样和颜色的线条与不同的图层结合起来，而这些图层又和不同类型的建筑物体如设备、结构元素等等密切相关。建筑工业中的一个主要问题是试图将线条类型的使用方法进行标准化和规范化，以促进不同的设计专家之间的信息交流。

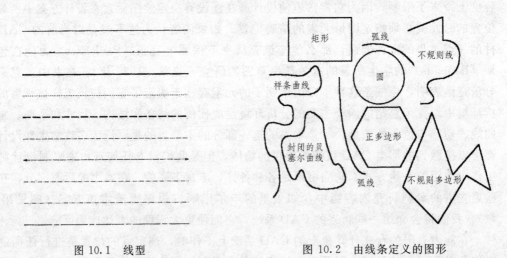

图 10.1　线型　　　　　　　　图 10.2　由线条定义的图形

CAD 环境常常提供大量的、由线条组成的二维图形物体，包括矩形、多边形、圆、弧线以及贝塞尔曲线（Bezier）和样条曲线等各种曲线（见图 10.2）。绘制一条贝塞尔曲线需要要点出控制点，实际上，控制点并不处于曲线之上，而是定义了曲线的两条切线的交点。对于样条曲线来说，它的控制点本身就位于曲线之上。椭圆、双曲线、抛物线都是特殊类型的曲线，它们被称作圆锥截面，因为它们都可以通过在三维中对圆锥体进行平面切割而获得。在下一个章节中我们将对此进行更详细的研究。圆、椭圆、双曲线、抛物线、贝塞尔曲线、B 样条曲线等都可以在 CAD 环境中通过非统一有理 B 样条（Non-Uniform Rational B-Spline，简称 NURBS）曲线的手段十分有效地表现出来。

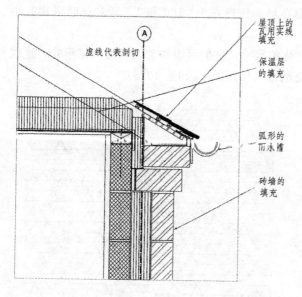

图 10.3 展示了一个典型的屋檐细部，它主要是由线以及被填充的矩形区域组成，填充线用来表示砖砌体等的材料属性。尽管现在许多 CAD 系统可以提供更为精致的阴影图案，但图案填充在绘制这种细部大样时仍是特别有用的，原因在于填充图案基本上只是由线条构成，这样，通过标准的转换格式如 DXF 和 DWG，可以十分容易将图转换到其他的 CAD 软件中。如果使用的是位图阴影而不是填充线，那么，只有当不同的系统拥有相同的阴影库时，图形才能够被正确地转换。

图 10.3　带填充线的 CAD 细部大样图

网格

网格（Grids）可以用来预先确定绘图面的一些内容，它们为图中的点提供候选位置。将各个点放置到选定的网格位置上，并用那些并不一定位于格子上的线条连接起来，就构成了一个图形。网格代表了尺度方面的一些逻辑秩序，而尺度可能呼应于组成建筑物的物体的物理特性，如结构系统或者部件调配系统等。当计算机图形和相关的定点操作一起显示时，网格还是绘图面本身属性的一种状态。通过网格手段产生的图会受到网格的尺度系统的影响。

对于绘图者来说，网格的优点在于尺度系统对点的可能位置的控制是可视的，而且，通过把点锁定在网格上，可以精确放置点的位置。为了使这个优点能够行之有效，网格的图案应该是规则的，还有，为了看得清楚，在预期图纸的允许范围内，绘图面上可见的网格点或线之间的间隔应该尽可能地大。

在按比例绘制的图中，绘图面上的网格的实际情况和网格所代表的真实世界的尺度之间有一个区别：实际的网格间隔需要尽可能的大，而现实世界的间隔尺寸需要足够小，以便提供与图形所代表的建筑物体相应的尺度变化。这种矛盾使得我们需要随着绘图的比例的变化相应地改变网格间距。随着比例的增大，更详细的细节就显示出来了，这时需要一个较小的网格间距。

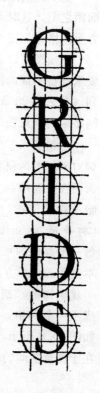

关于网格的规律性和间距的大小，在房屋设计中常常采用 300mm 和 100mm 的单一间距的正方形网格。当然，不规则的网格也是可以的，不过它们有可能使图中的线条布局产生偏移。通常用于绘制房屋平面布局的比例是 1∶100 和 1∶50，这时采用较小的网格间距将损失清晰度。

一些建筑物的构造体系需要规则变化的尺寸，它们可以抽象表现为网格形式，这就产生了 tartan 网格和比较特殊的非正交网格（见图 10.4 和图 10.5）。

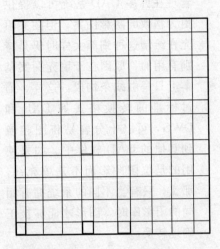

图 10.4　tartan 网格

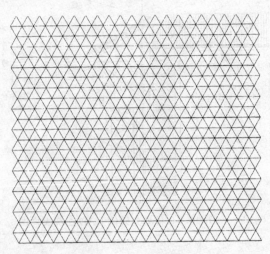

图 10.5　非正交网格

当不同的东西在同一幅图中进行表现的时候，如一个结构系统覆盖于一幅普通的平面图之上，这时，不同的网格图案就可以彼此覆盖。例如，tartan 网格可以覆盖一个正方形网格（见图 10.6），而 tartan 网格本身也可能是正方形网格的一个子集。

一幅图可以表现一个包含了多种结构或者几何形的建筑物，而不同的结构或几何形要求各自不同的网格，这一点可以在本书的最后一个案例即盖里的古根海姆美术馆中看到（参见第 28 章）。在这个案例中，在单一的绘图面上有着几个互不连续的网格图案或网格走向（见图 10.7）。

巴黎美术学院的建筑构成方法一直非常强调对平面图的研究，因为他们认为建筑物的平面图在空间中确立了三维之中的二维，并且还暗示着第三维，因此它对三维思考很有帮助［柯蒂斯（Curtis），1926 年］。他们还认为，每一个有机的平面布局都可以被分解为一些基本类型的构成方法，这些构成方法的组合形成了建筑物的"组织关系"。组织关系有效地构成了一个网格，可以根据它来放置建筑元素。如图 10.8 所示，各种类型的构成的不同之处在于围合空间的轴线之间的不同组合关系。

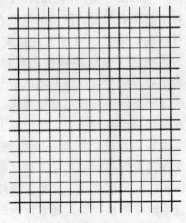

图 10.6　叠加的网格

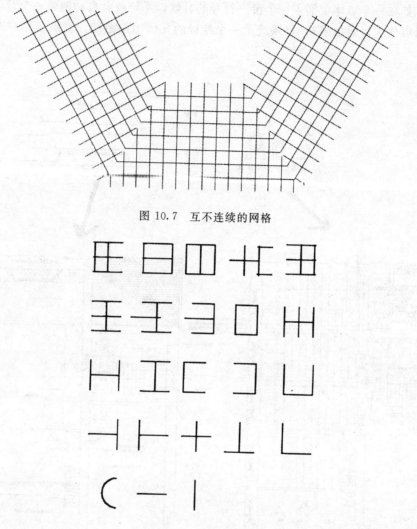

图 10.7 互不连续的网格

图 10.8 组织关系图

二维符号

如果在一幅图中重复地使用一个复杂的二维 CAD 物体（也就是说，它不是一条线或者一个矩形那样简单的基本图元），那么，更高效的工作方法就是创建一个代表那个复杂的物体的"符号"（见图 10.9），这比只是不断地复制和粘贴同一个元素要优越。例如，家具一类的具体元素就常常做成符号。使用符号的一个主要优点是，一旦对它进行了修改，在绘图文件中，这个符号的所有"实例"就会相应地改变。如果采用的方法是对原先的物体进行复制，那么，为了实现相同的修改，就要分别对每一个拷贝进行编辑。大多数 CAD 系统都有一个特殊的界面，用来编辑已有的符号或者通过绘图元素创建新的符号。当然，当符号被插入到图形中时，还需要通过相应的移动和旋转来正确地放置。如果 CAD 系统是一个"基于对象"（object - based）的或者是"混合"的系统，那么，例如在一个墙体中插入一个窗户符号的时候，系统就会自动创建一个开口，使这个窗户得以放入，而如果 CAD 系统是一个纯粹的几何图形系统，就需要用户来创建这个开口。

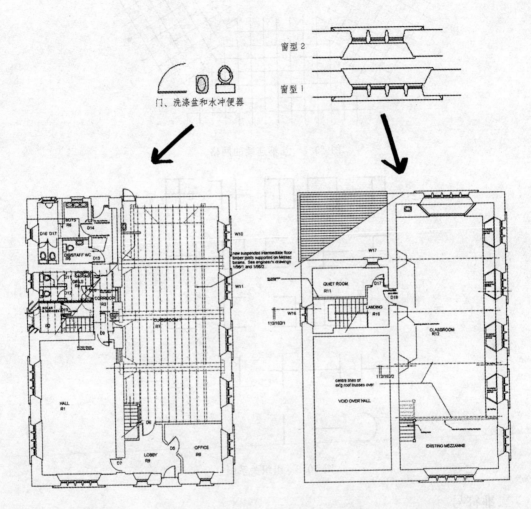

图 10.9　符号在二维 CAD 绘图中的运用

标注

许多 CAD 绘制的图形仍然是二维的，其中，大量运用了 CAD 系统的对线条长度、两点之间的距离以及角度值等方面进行精确计算的能力。计算结果的数值加上指示位置范围的标注线，一起构成可以移动和缩放的图形物体。人们投入了大量的精力，使我们可以用各种方法在图中进行标注。例如，可以将尺寸标注的数值放在标注线上面或者上方（见图 10.10）；标注线本身位于"参考线"之间，参考线标明了标注开始和结束的位置。图 10.12 所示是一个学校的扩建部分的施工图的标注，在这类图中，大量运用了箭头线，它们指向物体以便对物体进行标记。使用"引出线"也很普遍，引出线包含两段线，便于标记使用。在绘制这种图的时候，特别是在复杂项目中，似乎很有必要将标

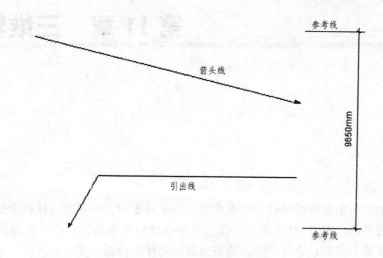

图 10.10　标注线的类型

注和代表建筑元素的线条分离开来，这可以通过采用"图层"的手段来实现。

　　标注尺寸的图一般是通过剖断面互相联系在一起的一系列图形的一部分，这些剖断由带标注的"剖断线"标记出来（见图 10.11）。

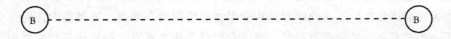

图 10.11　带标注的剖面线

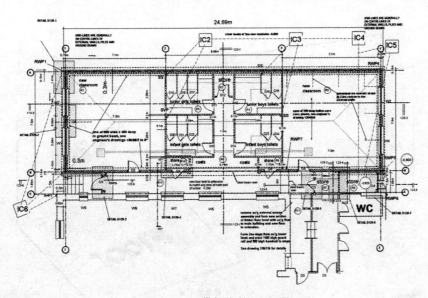

图 10.12　带标注的 CAD 图

第 11 章　三维物体

平面

在数学上，一个平面是通过三个不共线的点来确定的，并假定这样确定的平面是平直的和没有边界的。在 CAD 实践中，作为三维物体的平面始终是有一定厚度的，尽管这种厚度处于最小限度；此外，它还是有边界的物体。因而，要建立这样一个平面，首先需要创建一个二维的形式，例如一个矩形或者一个多边形，然后将这个形式进行一定的"拉伸"（extrude）。二维的形式定义了这个平面的形状，而拉伸则赋予了厚度。

代表建筑物的垂直边缘的线条是和地面垂直的。如果一条线和一个平面相交，而且它和平面上所有经过相交点的线都垂直，那么这条线就和这个平面垂直。

通常，建筑物的墙体就像图 11.1 所显示的那样是直立的，并且处于相互平行的平面。地板和墙体常常处于彼此垂直的相交平面。任何两个平面，如果其中任何一个平面包含了一条与另一个平面垂直的线，那么它们就是相互垂直。假如线条和平面相交而不垂直，那么它们常常被称作是相互斜交的。

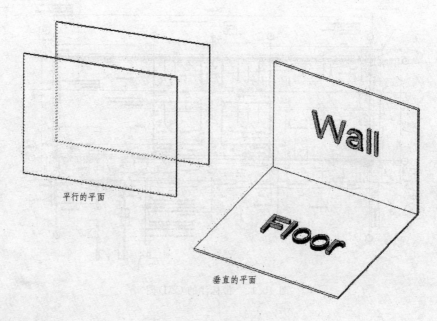

平行的平面

垂直的平面

图 11.1　平面

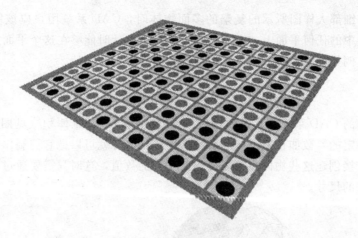

图 11.2 透视图中的平面

如同二维中的线条拥有宽度、线型、颜色等特征，平面也可以通过各种不同的方法被渲染或者赋予纹理，当从透视投影上进行观察，它们会立刻产生深度感（见图11.2）。应该注意到，计算机屏幕本身就是三维模型的一个有效的观察平面。大多数CAD系统常常都可以为这个观察平面提供一定数量的预设位置，如前、后、左、右、顶、底、左轴测、右轴测、左后轴测、右后轴测等各种视图。

许多 CAD 模型基本上都可以通过拉伸矩形一类的平面元素和墙面一类的物体来建立，后者实质上是竖直的平面。地板和平屋顶可以由水平的平面元素建模。这种方法非常适合现代建筑模型的建模，图 11.3 正是用这种方法制作的赖特著名的流水别墅的模型的一些轴测视图。

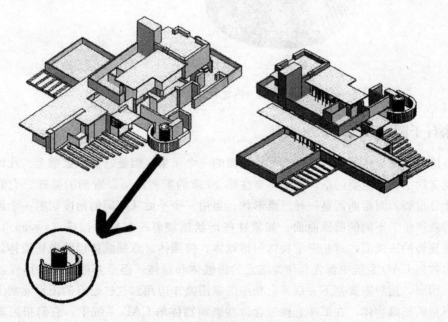

图 11.3 流水别墅的两个轴测图

在处理如细部大样图所示的复杂的多面物体时，CAD 系统用户应该能够将工作平面改变到模型中的任何平面上，以便在进一步发展设计时能够在这个平面上以恰当的角度进行工作。例如，我们有时会需要增加一些窗户的细节设计。

体积

在大多数的 CAD 系统中，通常有一系列预先确定的三维体积（见图 11.4），只需要通过赋予一定的参数如长度、宽度、高度、半径等等就可以把它们制作出来。通常可以在三维中直接创建这些物体而不需要输入实际的数值，这时只需要通过使用鼠标将物体拉升到所需的尺寸。

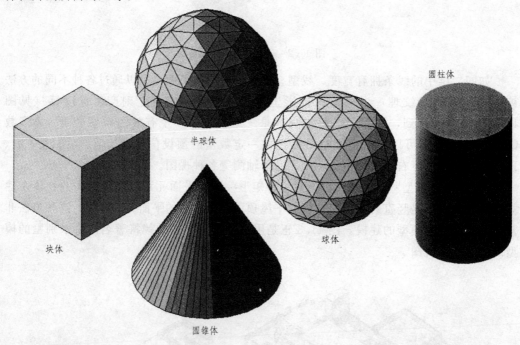

图 11.4　内置的 CAD 体积

来自于圆锥截面的二次曲面

以这种截面描述的面只是所有可能表面的一个子集，但是它们在数学上、几何上是很有意义的，而更重要的是，正如将要在第 20 章的案例中可以看到的那样，它们在建筑上十分重要。圆锥曲面是一种二维形状，当用一个平面从不同的角度切割一个圆锥体的时候就产生了不同的圆锥曲面。如果这些形状围绕着一根轴线扫描（sweep），就可以生成旋转的三维面，这些三维物体包括球体、椭圆体、双曲线体以及抛物线体。尽管在大多数的 CAD 系统中都含有作为图元的圆锥体和球体，但是其他几种物体往往是没有的。因而，用户需要把下一章将会介绍的制图操作应用到这些已有的图形元素上，制作出其他的三维物体。在那些直接包含这些表面物体的 CAD 系统中，它们很可能被表示为 NURBS 表面。NURBS 表面类似于 NURBS 曲线，它们都可以通过控制点来控制，因而操作它们也都十分容易。在图 11.5～图 11.8 中，用于生成特殊形式的 CAD 操作都以编号形式一一给出，关键的操作步骤请参见图解和编号，其余部分则作为练习留给读者。

球

将一个圆锥体从与底部平行的位置切开，它的横断面就形成了一个圆。把这个圆围绕一根轴线扫描，所产生的表面就是一个球面（见图 11.5）。

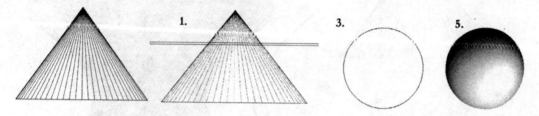

图 11.5 从一个圆锥截面生成一个球面

椭球

把一个圆锥体从与底部成一定角度的位置切开，如果这个角度小于圆锥的倾角，切面就形成了一个椭圆形。把这个椭圆形围绕一根轴线扫描，就产生了一个椭球面。

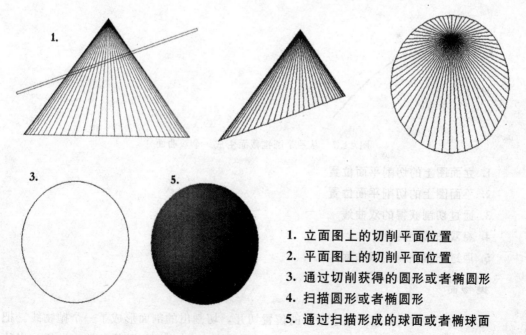

1. 立面图上的切削平面位置
2. 平面图上的切削平面位置
3. 通过切削获得的圆形或者椭圆形
4. 扫描圆形或者椭圆形
5. 通过扫描形成的球面或者椭球面

图 11.6 从一个圆锥截面生成一个椭球面

双曲面

把一个圆锥体从与底部垂直的位置切开，切割断面的轮廓就形成了一个双曲线。把这个双曲线围绕一根轴线扫描，所产生的表面就是一个双曲面。

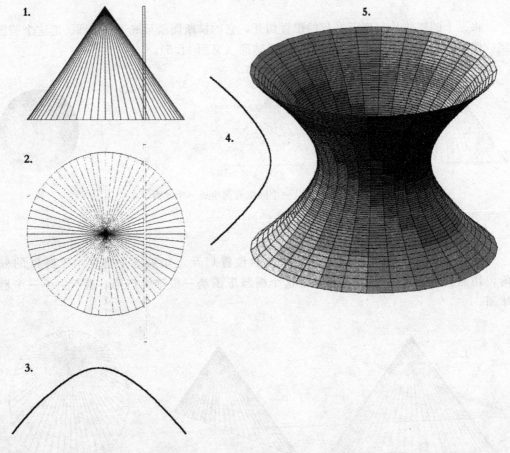

图 11.7 从一个圆锥截面生成一个双曲面

1. 立面图上的切削平面位置

2. 平面图上的切削平面位置

3. 通过切削获得的双曲线

4. 将双曲线旋转 90°

5. 通过扫描获得的双曲面

抛物面

把一个圆锥体从与它的侧边平行的位置切开，切割出的剖面形成了一个抛物线。把这个抛物线围绕一根轴线扫描，所产生的表面就是一个抛物面。就像双曲面一样，当从其他的已有物体如圆锥体生成 CAD 物体时，需要进行一些操作，这与在后面的章节中将要更加详细介绍的一些 CAD 操作的应用有关，这些操作包括旋转和扫描。

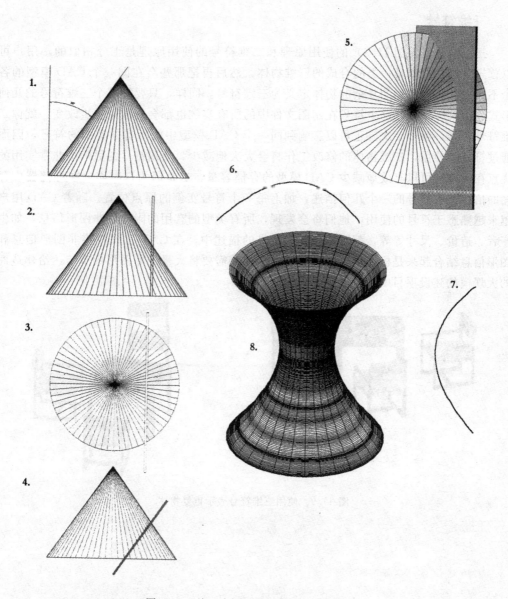

图 11.8　从一个圆锥截面生成一个抛物面

1. 测量圆锥体的斜度

2. 立面图上的切削平面位置

3. 平面图上的切削平面位置

4. 将切削平面旋转到与圆锥体的侧边平行

5. 切削平面和圆锥体的顶视图

6. 通过切削获得的抛物线

7. 将抛物线旋转 **90°**

8. 通过扫描形成的抛物面

三维符号

三维符号（见图 11.9）的使用原理和二维符号的使用原理是十分相似的。用户可以首先自己建立家具一类的合成的三维物体，然后再把那些会在同一个 CAD 模型的各个不同部分频繁使用的复杂的物体定义为三维符号。同样，只要对某个三维符号的几何形式进行某种修改，这个符号在制图文件中的所有实例也都会相应地发生改变。就像二维符号一样，由于一次修正可以影响到同一个 CAD 模型中的所有同类型的符号，因而通过符号的使用，三维物体的修改工作将会大大地减少。使用符号的另一个非常实用的优点在于它还可以有效地减少 CAD 模型的存储容量，这是因为这时需要在存储器中存储的信息只有符号的一个几何描述，加上每一个符号实例的原点位置。随着 CAD 用户越来越熟悉于符号的使用，他们将会发现，所有类型的有用的附加性非图形信息，如生产者、造价、尺寸等等，都可以包括在符号的描述中。在 CAD 工作中将非图形信息和图形信息结合起来是极为重要的，尤其是在那些需要将大量的非图形细节传达给建造商的大规模的建设项目中（见第 27 章）。

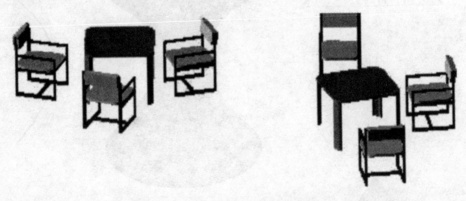

图 11.9   使用三维符号表示重复物体

第 12 章　几何变换

下面的变换都是通过三维 CAD 物体来展示的，但实际上，这些变换同样也可以在二维 CAD 物体中运用。

移动

移动（move）（见图 12.1）就是将一个选定的物体移动一段指定的距离。一个正的或者负的值可以表明移动的方向。正值通常表示将一个物体沿着 X 轴向右移动，沿着 Y 轴向上移动，或者在一个极坐标系中沿着逆时针方向移动。负值则相反。这个变换将会改变一个物体的位置，但是不会改变物体的方向。

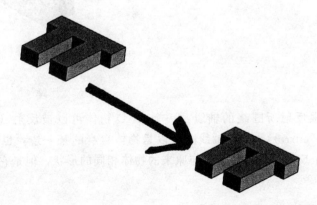

图 12.1　移动一个物体

旋转

CAD 物体可以按照一个选定的角度值进行旋转（rotate）（见图 12.2）。对于一个二维平面，一个正的角度值往往使得物体沿着逆时针方向旋转，而一个负的角度值则使物体沿着顺时针方向旋转。旋转会保持一个物体的形状，但是它改变了物体的位置和方向。

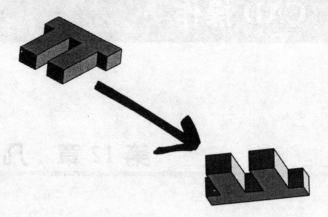

图 12.2 旋转一个物体

缩放

通常，一个 CAD 物体可以相对于它的 x、y 或 z 坐标值在尺寸上进行缩放（scale）（见图 12.3）。如果一个物体需要按比例缩放，那么沿各个坐标的缩放比例都应该是相等的。一个被缩放的物体虽然会比原先的物体大一些或小一些，但它的方向是不变的。

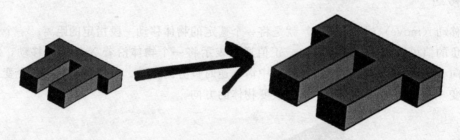

图 12.3 缩放一个物体

反射

通过确定一根反射所围绕的轴线，一个 CAD 物体可以被反射（reflect）（见图 12.4）或者镜像（mirror）。这根轴线既可以是物体自身的某一边，也可以和物体偏离一定的距离。一个反射的物体将保留与原来的物体相同的形状，但是它的位置和方向都已经发生了改变。

图 12.4 反射一个物体

剪切变形

剪切变形（Shear）（见图 12.5）将保持物体的拓扑关系，即顶点、边缘、表面的数量以及它们的相连关系，但仍然会产生扭曲。通常，剪切变形的产生都会参照某根轴线，而且如果物体的某一个边缘位于这根轴线上，那么这个边缘将是固定不动的，换句话说，剪切变形这种操作能够潜在地控制物体的各个部分是否移动或者固定。

图 12.5　剪切变形一个物体

拉伸

在拉伸（extrude）（见图 13.1）中，平面投影中的一个二维物体可以被拉伸到某个高度值，如果二维物体绘制于立面图上，那么拉伸将决定物体的深度值。在一些 CAD 系统中，这种操作被描绘为"构建立面投影"而不被称作拉伸，这是因为这些体积是通过将一个二维面投射到三维空间来创建的。

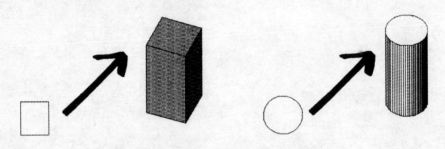

图 13.1　拉伸二维物体

拉伸是最简单和最常用的将二维物体转换成三维物体的方法。拉伸常常被运用于创建城市空间中的简单的体块模型，通过扫描输入一个基地平面的图像，再描摹出多边形

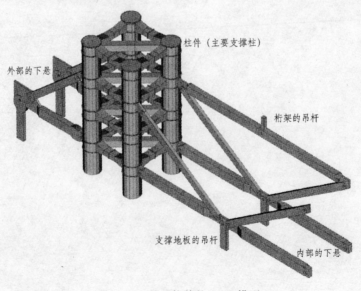

图 13.2　基于拉伸的 CAD 模型

的物体（如房屋的边界），然后向上拉伸这些多边形以获得高度，这样就建立了一个简单的城市空间模型。

图 13.2 所示的是香港汇丰银行的基本结构的一个 CAD 模型，这个模型主要是由拉伸物体组成的。桁架的上悬和下悬以及支撑下面地板的吊杆基本上都是矩形拉伸物体。主要支撑柱模型是用圆形的拉伸物体建立的。

扫描

扫描（sweep）（见图 13.3）通过围绕一根垂直的轴线旋转一个二维物体（或几个二维物体）将它转换成一个三维物体。扫描操作不能在三维物体上使用，但是它可以在各种各样被选定的二维物体上使用，这些物体是开放的或是封闭的都无关紧要。

在大多数的 CAD 系统中，通过引入一个位于物体之上或者与它相偏离的局部轴心（locus point），可以精确地确定旋转轴。在调用扫描操作之前，局部轴心点可以作为图形的一个部分，包含在即将被扫描的物体的描述中。如果这个点没有被采用，那么就选择物体的原点作为旋转轴。许多时候，CAD 系统用户直到操作结束才能确切地知道这个原点的位置，这是因为在物体被绘制的过程中，作为物体描述的一部分，原点是由 CAD 系统内在地提供的，一般来说，这个默认的原点往往位于大多数物体的左下角。

无论选择哪一个视图，相对于计算机屏幕而言，旋转轴线始终是垂直的。一旦使用扫描操作创建一个三维物体，这个新建物体的属性通常是可以被编辑的，可编辑的内容包括高度、斜度、半径、起始角度、扫描角度以及分段角度。分段角度决定了这个扫描物体的块面数量。如果分段角度较大，那么这个物体看起来就会有很多块面；如果分段角度较小，这个物体就会显得光滑一些，不过，由于这样会导致在表现物体时增加了许多线条，它的刷新时间会相应地增加。

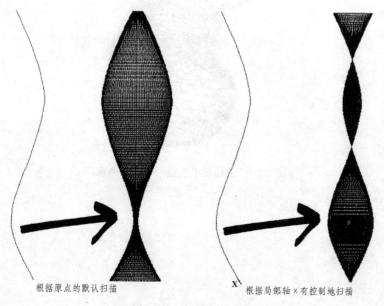

根据原点的默认扫描　　　　　　x　根据局部轴 x 有控制地扫描

图 13.3　扫描一条曲线

放样

放样（loft）通过在一系列选定的曲线形之间进行拟合而创建出一个光滑的表面，这些曲线在特定的中间位置上定义了放样曲面的"横断面"或"剖面"。在下面的例子中（见图 13.4），横断面大致上都是圆形的。可以使用轨道曲线来准确地放置横断面曲线。严格地说，轨道曲线并不是放样操作的一部分，但有时也被包括在其中，其目的在于更好地控制曲面的边界。一旦选好横断面曲线，通过用光滑的曲线在选定的曲线之间进行拟合，就自动生成了光滑的放样曲面边界。

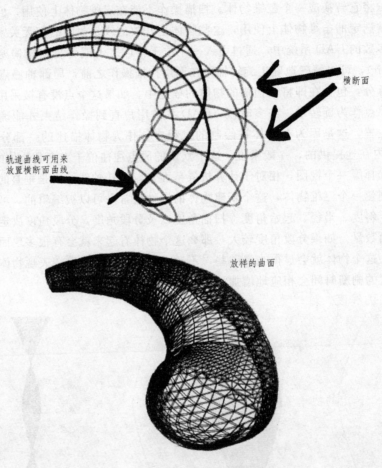

横断面

轨道曲线可用来
放置横断面曲线

放样的曲面

图 13.4　从曲线中生成一个放样曲面

第 14 章　布尔操作

布尔操作是以英国数学家乔治·布尔（George Boole）的名字命名的，他用数学符号对逻辑运算进行了描述。布尔操作通常会同时影响两个物体，它还是大多数计算机所基于的二进制的基础。布尔操作在 CAD 系统中绝对是非常基础的，通过将一系列运算运用到那些最初可能十分简单的物体上，可以创造出复杂的形式和构成。后面的几个案例将会展示布尔操作在创造形式方面的重要性（见第 20 章）。对 CAD 用户来说，学会通过连续的布尔操作来创建特殊形式的思维方式是十分重要的。图 14.1 所展示的是可以运用于二维物体 A 和 B 之间的各种布尔操作。

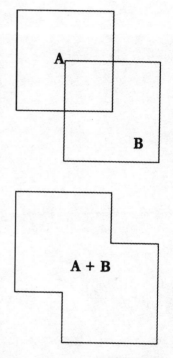

加

有时也被称为并（Union），将物体 A 和 B 结合在一起。

加法将重叠的物体（多边形）组合在一起，并且删除重叠区域中的线段。对于 CAD 系统，第一个选定的物体（多边形）是在操作完成后得以保留下来的改变了的物体（多边形），第二个物体（多边形）被删除。

减

从第一个选定的物体中减去第二个物体（在本例中是一个多边形）。

- 减法（A−B）从 A 中减去 B
- 减法（B−A）从 B 中减去 A（见图 14.1）

交

去除物体 A 和 B 之间的不同的部分。

交法删除了两个物体（多边形）重叠的部分以外的所有部分。选定的第一个物体（多边形）是在操作完成后得以保留的、改变了的物体（多边形），第二个物体（多边形）被删除。

图 14.1　二维布尔操作

三维操作中的布尔操作与二维中的布尔操作是类似的。如图 14.2 所示，布尔操作可以在三维物体之间运用。

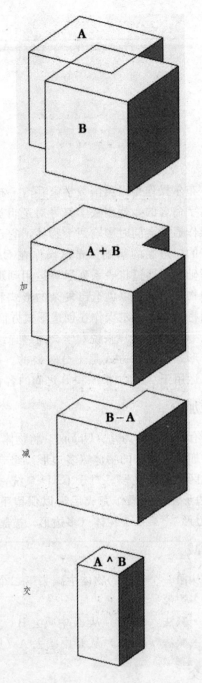

图 14.2 三维布尔操作

组合

在有许多物体的情况下，无论它们是二维的还是三维的，当需要把它们集合在一起如同一个物体时，组合（grouping）（见图 15.1）就成了一种特别有用的操作。被组合在一起的物体可以用各种各样的方式进行转换，例如，它们可以被移动。只有当组被解散时，这个组中的任何成员的后续变化才能够进行，允许选择单个的物体。

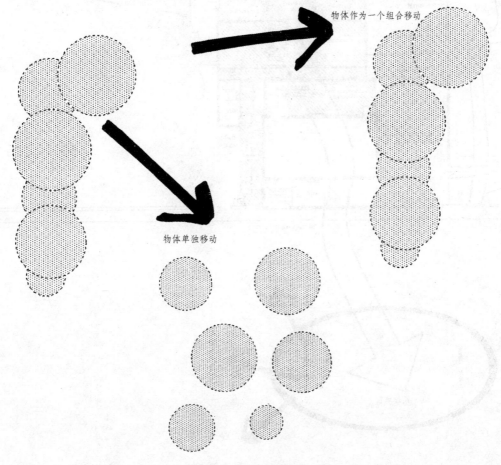

图 15.1　组合二维物体

分类

分类（typing）是一种根据用户定义的物体类型或种类进行分组的方法。一个类常常表示一种类别或者一种属性的物体。分类操作让用户可以用不同的部分来描述整个图形，以便利用这些部分做进一步事情。

在图 15.2 所示的某个学校的扩建部分的分区平面中，用户也许需要了解与这个项目第一期有关的玻璃窗的数量，也许仅仅是为了察看的需要，或者是为了继续某些操

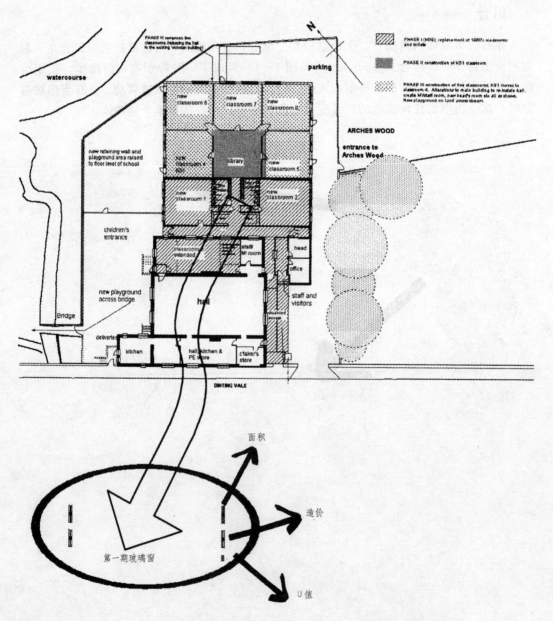

图 15.2　将某类物体识别出来可以在表现中或进一步的分析中得到利用

作，如进行一个造价的计算。CAD 系统中的分类常常是与数据库中的非图形信息联系在一起的，分类使我们可以进行面积、造价、u 值等方面的计算。

CAD 系统中分类机制的利用为使用者提供了最大的潜力，使他们可以为了其他的目的而对绘图信息的使用方法进行控制。举一个简单的例子，我们可以先数出某种特定类型的物体的数量，然后再利用这个数值计算出总长度或者总面积。另一个简单的例子可能是，我们可以在电子数据表中将各种类别的名称和单元（cell）结合起来生成调度信息，为了便于设备管理，我们可以通过察看记录下来的类别信息对物体的数量和位置进行跟踪。在制图过程中，建筑部件的详细清单也可以交互式地进行维护。

所以，在 CAD 环境中将物体相互联系起来的一个常用的策略是在复杂的 CAD 物体的描述中使用某种分类方法，然后以这些类别的定义为基础，用程序语言定义出它们的功能。在一个理想的 CAD 环境中，对功能或者任务的描述都应该尽可能的概括，并且彼此应该相对独立。这与面向对象（object－oriented）的程序范例中基于物体特殊视图的特定的定义方法是类似的。在理想状态下，分类应该采用一般描述可以采用的表达种类，而不应该限定于特定的表达方式。一般的类别可以包括名称、数量、逻辑常数、逻辑变量等等。不同领域的分类应该由设计师和用户来建立，不过，对于那些并没有很多编程经验的设计师来说，抽象数据类型的用户声明可能并不是一项十分简单的任务。为了实现普通的分类以及一套可用于类型表达的基本操作，用户必须了解如何采用类别和控制机制以达到构建任务描述的目的。因此，对分类表达提供支持的 CAD 环境中的计算机编程就潜在地创造出了新的、与以往不同的研究设计问题的方法。设计师也应当成为一个出色的程序师，这将成为今后的一种发展趋势。

分层

分层（Laying）（见图 15.3）是绘图的一种组织方法。在计算机绘图中，层（layer 或 level）提供了一种组织结构，用于组织信息和物体。这个概念类似于在绘图中使用

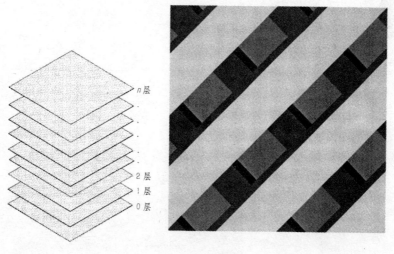

图 15.3　分层

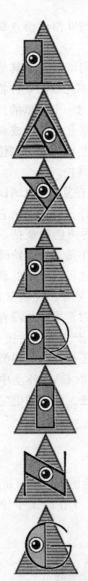

若干张透明绘图纸；每一张纸上含有特定的信息，它们可以以各种方式组合在一起来晒图。为了简化图形，任何一层都可以被关闭起来，这就使得制图环境变得十分灵活。使用者可以通过分层机制的使用来控制图的外观，这对整个绘图过程都有影响，从开始绘图直到文件的印制。分层的合理使用还能够显示较少的信息，减少屏幕刷新的次数。

当一个新的文件被打开的时候，它只能自动地生成一个层，并且，这个层就是当前层（active layer）。如果一个文件中不仅只有一个层，那么当绘制物体的时候，它就会被自动地放置到当前层上。通过剪切和粘贴，物体可以相当容易地从一个层移到另一个层上。建筑设计单位往往会开发出一套十分强大的编码方法，使不同的层与不同类型的图（如设备、面层等等的图）相对应。在图中，不同的层与特定的颜色也相互对应。当用户已经建立了若干个层的时候，他可以通过将这些层设定为可见或者不可见来控制各层的显示。当一个不可见层是当前层时，它总是可见的。

在用户开始绘制一幅图的时候，他需要对如何划分和组织信息作出明确的决定，这往往取决于需要建模的项目的类型以及表达这些方案中的信息的方法。通常情况下，层会被用来表示多层建筑物中的不同标高的楼层。

第五部分　由 CAD 物体发展建筑形式

引言

　　本部分的前四章旨在展示第三部分介绍的 CAD 物体如何通过第四部分描述的 CAD 操作，以一种相当简单的方式创造出一系列建筑师和工程师常用的结构。尽管这部分并不试图成为一个结构指南，而且其目的也仅仅是要展示在 CAD 环境中如何给一些常用的建筑形式建模，但是我们还是要表明如何可以通过一套相对较少的 CAD 操作创建出大量的建筑形式。读者要始终抓住本书的主题，因而也就应该注意到，在建模过程中，大脑应始终不要忘记设计的意向，在这里就是结构的意向。就结构而言，维持元素高度和跨度之间的相互关系可以清晰地表明这种意向。如果希望获得更详尽的结构方面的信息，读者可以参阅以下优秀的书籍：弗雷德·安格雷尔（Fred Angerer）所著的《建筑中的面结构》（Surface Structure in Building）（安格雷尔，1961 年），瓦尔特·亨（Walter Henn）所著的《工业建筑，第一卷：平面、结构和细部》（Building for Industry，Volume one：Plans，Structures and Details）（亨，1961 年）以及网络上的《An Ideabook for Designers》[凯彻姆和凯彻姆（Kefchum and Kefchum），1997 年]。对于所选的结构而言，我们并没有列出全部的内容，因为它们只是为了达到演示的目的。只有基本的结构特征才在 CAD 生成的图像中展现出来，而门窗和面层等细节都被省略了。第 20 章在这方面稍有不同，它用到了更为复杂的 CAD 物体如双曲线体和抛物线体等，试图将基本的 CAD 建模技术应用于一个当代建筑实例的研究，即建立高迪的完美的圣家教堂的正殿的模型。在本书的其他部分，这种与实践中的 CAD 的实际运用相结合的方法将会继续采用。

　　折板是最简单的壳体结构，将它作为研究形状及形式的第一个例子看来是十分合适的。折板的主要特征在于它是由平整的表面组成的，它们的建模在 CAD 环境中是比较容易进行的。在以下的许多例子中，和第 11 章中曾经出现的二次曲面的创建过程的范例一样，我们也编号列出了用于创建各种形式的各步 CAD 操作，对于这些步骤中的一部分（但不是全部）还进行了编号和图示。

图 16.1 所展示的是建立一个折板结构的模型所需要的一系列主要操作。首先，在立面图中绘制一个屋顶横断面（通常是一个封闭的多边形），然后，将这个多边形拉伸到所需要的长度。为了尽量减小在视图间的移动，可以再在同一个视图中绘制一个单独的边板，并且将它拉伸到所需要的厚度。用类似的方法可以创建出单个立柱的模型。另一个边板和所需的全部立柱可以用拷贝和粘贴来生成（拷贝和粘贴组合在一起的操作往往被称为"复制"）。现在应该将这些新增的元素插入到所需的位置上，为了准确地放置，需要在平面视图中采用线框显示模式，以便清晰地看到各个物体的边界，准确地放置它们。

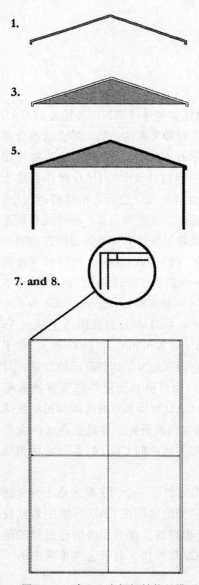

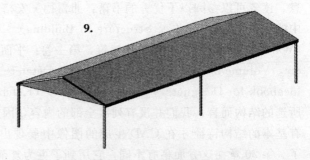

1. （在立面图中）绘制屋顶的横断面
2. 拉伸
3. 绘制边板的横断面
4. 拉伸
5. 绘制立柱的横断面并拉伸
6. 复制立柱和边板
7. 在平面图和立面图中放置边板
8. 在平面图和立面图中放置立柱
9. 在轴测图中呈现模型

图 16.1　建立一个折板结构的模型

完整的结构由屋顶、边板和支撑这个结构的立柱组成，通过轴测视图进行观察可以取得最佳效果。这个结构的跨度就是较大一些的柱间距，而架间宽度就是两个相似的结构单元之间的距离。这个结构既可以像本例所展示的那样具有单一的跨度，也可以有长度不同的多种跨度。

下面的各种形式都可以采用与前面的例子完全相同的 CAD 原理和 CAD 操作顺序进行建模。

三段折板

这是每一跨都有三段的折板结构（见图 16.2）。

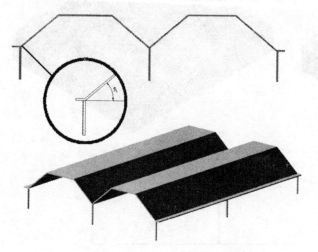

在绘制屋面横断面的时候，也许需要限定绘制屋面的角度。在 CAD 环境中，对角度的限定一般都是可以支持的，它们允许用户自己来确定所需角度。大多数的 CAD 系统能够分辨出元素是被水平放置的还是被垂直放置的，并且允许用户通过缺省值来锁定这些方向。

图 16.2 通过角度限定来建模

Z 形壳

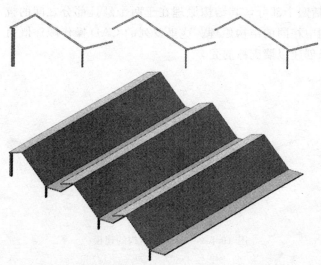

每一个屋面单元（见图 16.3）都有一片宽大的斜板和边上的两片斜板，各单元之间有一定的距离，用于开窗。

1. **绘制屋面的横断面（在立面图中）**
2. **拉伸**
3. **绘制立柱的横断面**
4. **拉伸**
5. **在平面图和立面图中放置立柱**
6. **在轴测视图中呈现**

图 16.3 一个 Z 形壳体结构的建模

以墙支撑的壳

在这个结构中（见图 16.4），山墙与屋面板交接并且支撑着屋面板，没有使用立柱来支撑。最简单的建模方法是在立面图中绘制山墙并且将它们拉伸。在这种情况下，采用分解视图的表现方法是比较有用的，因为这样可以显示出每个结构单元都是一个空盒而非实心的体积。

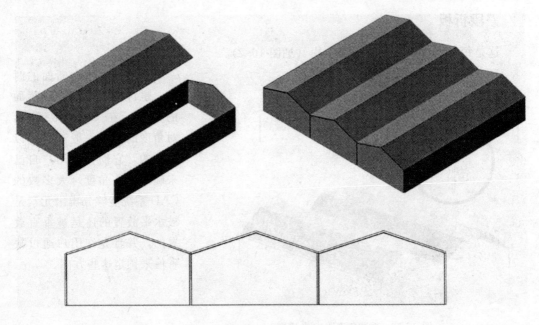

图 16.4 用分解视图表现的以墙支撑的壳

雨篷

图 16.5 展示的雨篷的顶面包括四个部分，其结构原理在于两个悬挑部分之间的抗扭力，它让我们想起第 3 章的案例中相同的结构原理。这里罗列的 CAD 操作顺序既可以用来创建雨篷形式，也可以用来创建以墙支撑的壳。

1. **绘制顶面的横断面（在立面图中）**
2. **拉伸**
3. **绘制墙或立柱的横断面**
4. **拉伸**
5. **放置墙体或立柱**
6. **复制并放置元素**
7. **在轴测视图中呈现**

图 16.5 一个雨篷结构的建模

锥形折板

由锥形元素可以制作出折板结构，图 16.6 展示的是许多组合可能性中的一个。本例中的锥形本身是由三角形元素形成的。我们在这里留给读者的练习是制作一个模型，其宽度小的一边都位于同一端，这样，整个结构形成一个圆环。

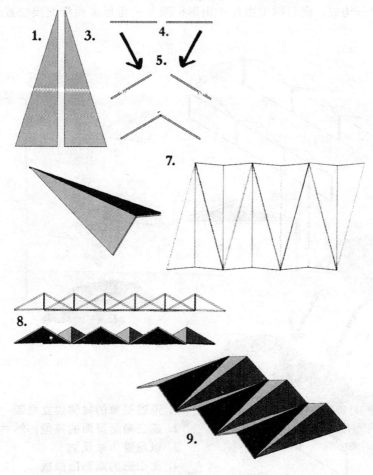

图 16.6　锥形折板结构的建模

1. 绘制三角形（在平面图中）
2. 拉伸
3. 复制并且反射这个拉伸的元素
4. 在立面图中显示
5. 围绕内部边缘旋转各个元素
6. 移动并且将元素组合在一起
7. 复制和旋转已合成的元素
8. 立面图（线图和渲染图）
9. 轴测渲染

折板屋架

折板屋架是一种有着复杂结构作用的空间结构。本例中（见图 16.7），只在建筑物的端部各有一根横跨建筑宽度的水平拉杆，整个结构就像是一个周边支撑的壳体。来自三角形交叉拱的推力沿长向传到端部。屋脊部分构成斜向屋架的上弦，下弦由四边山形桁架下部的拉杆构成，而斜撑则由位于山形桁架和三角形屋面板交接位置上的斜天沟构成。

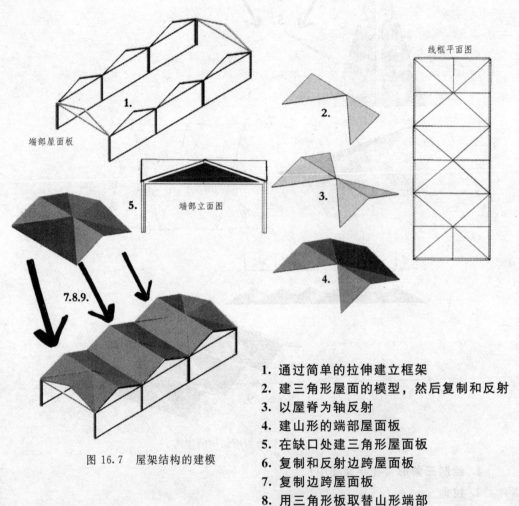

图 16.7 屋架结构的建模

1. 通过简单的拉伸建立框架
2. 建三角形屋面的模型，然后复制和反射
3. 以屋脊为轴反射
4. 建山形的端部屋面板
5. 在缺口处建三角形屋面板
6. 复制和反射边跨屋面板
7. 复制边跨屋面板
8. 用三角形板取替山形端部
9. 插入屋面的中间部分

由于筒形拱的拱形形式在结构上能够减少截向上的应力和厚度，因此它非常适于覆盖矩形区域。简拱的横断面曲线一般都是半圆形的，其他可以采用的断面曲线包括椭圆、摆线或圆弧等，如图 17.1 所示。严格说来，筒形"壳"的跨度是边板之间的距离，而筒形"拱"则是沿着纵向边缘支撑的。

图 17.2 中建模的结构是一个带有边梁的筒形单拱。在与拱具有相同外形的边板之后进行投射，形成壳体的形状。从结构上讲，也可以用门架或刚性构架来代替边板，以使更多的光线可以进入，这也可以在 CAD 中相应地进行建模。

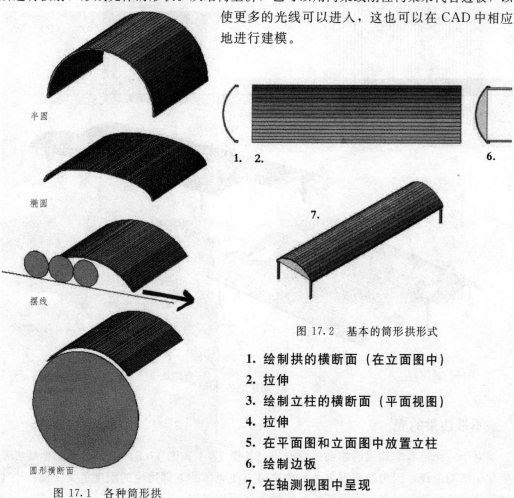

半圆

椭圆

摆线

圆形横断面

图 17.1　各种筒形拱

图 17.2　基本的筒形拱形式

1. 绘制拱的横断面（在立面图中）

2. 拉伸

3. 绘制立柱的横断面（平面视图）

4. 拉伸

5. 在平面图和立面图中放置立柱

6. 绘制边板

7. 在轴测视图中呈现

多筒

如果把一个以上的筒拱并排放置，所形成的结构就是一个多筒结构，而且，如果超过一个跨度，它就被称为多跨结构。图 17.3 所展示的结构就是一个带有边梁并在顶部上方有加强肋的多筒拱。

图 17.3　筒拱的各种形式

不带边梁的壳

对于一个带有非加强的端部的筒形拱（见图 17.4 和图 17.5）来说，椭圆曲线断面要优于圆周曲线，因为椭圆形更大的曲率可以使壳体的下部边缘的刚度更大。而一个半圆形的壳体比那种只有一小段圆弧曲线的壳体更加坚固。

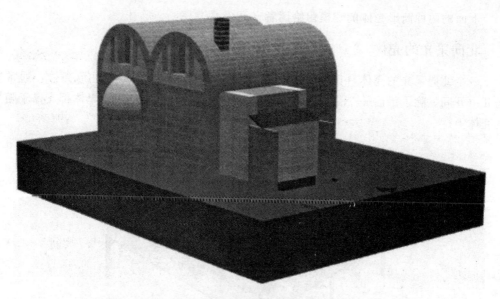

图 17.4　马克斯·福德姆及合伙人事务所设计的萨尔迪斯罗马浴室中
使用的筒拱的轴测图（参见第 6 章）

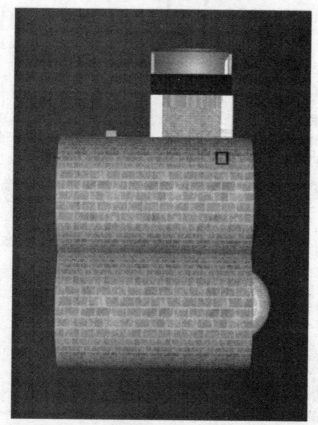

图 17.5　马克斯·福德姆及合伙人事务所设计的萨尔迪斯罗马浴室
中使用的筒拱的顶视图（参见第 6 章）

下面的两种筒形壳体的建模留给读者自己练习。

北向采光的壳体

一个北向采光的壳体（见图 17.6）可以被看成是一个倾斜的圆柱形壳体，通常覆盖几个开间。除了最后一个是搁置在尽端墙壁上的以外，其余的每个壳体都支撑于随后的壳体上。

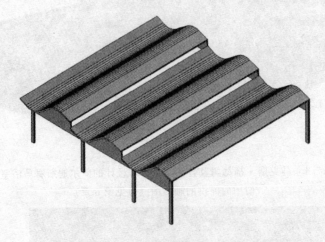

图 17.6　北向采光的壳体结构的 CAD 模型

波形壳体

波形的筒壳（见图 17.7）在壳体的顶部和底部有相同的面积，非常适用于连续的结构，如混凝土壳体结构，它在支撑处的壳体底部，需要最大的面积。曲线并不一定是相同半径的凹面和凸面曲线的交替，它也可以是半径不相同的弧线的交替。它有无数的曲线组合方式，也可以是曲板与折板的组合方式，可以适用于各种不同的审美或者结构功能。

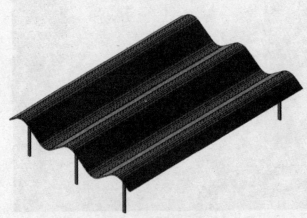

图 17.7　波形壳体结构的 CAD 模型

第18章 穹隆

从万神殿（Pan theon）、圣索菲亚大教堂（Hagia Sophia）、到由理查德·罗杰斯合伙人公司（Richard Rogers Partnership）和布洛·哈波尔德工程设计公司（Buro Happold Engineers）设计的伦敦格林威治的千年穹（the Millennium Dome at Greenwich, London），穹隆始终都是十分受人欢迎的建筑形式。而由诺曼·福斯特建筑师事务所设计的透明半球形德国国会大厦穹顶本身也是一件非常值得进行形式分析的案例，并可以结合对它将自然光线引入到下面的议院、同时排除由政治家们产生的热气的功能进行分析。

穹隆是基本的空间结构，可以通过将任何形状的曲线围绕着一根垂直的轴线扫描来生成，如图18.1所示。通过扫描操作获得的表面拥有双曲率，所得到的结构在结构方面也比圆柱形壳体等单曲面更为牢固。通过扫描一段弧线所产生的简单穹隆是球体的一部分，但是，穹隆还可以通过扫描其他形状的曲线产生，包括椭圆、抛物线、其他的圆锥截面，或者如图18.6所示的各种不规则的曲线。

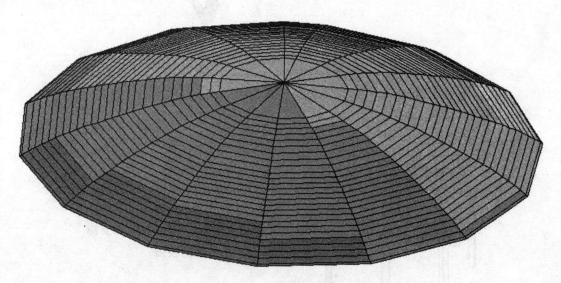

图 18.1 CAD生成的扁平的穹隆

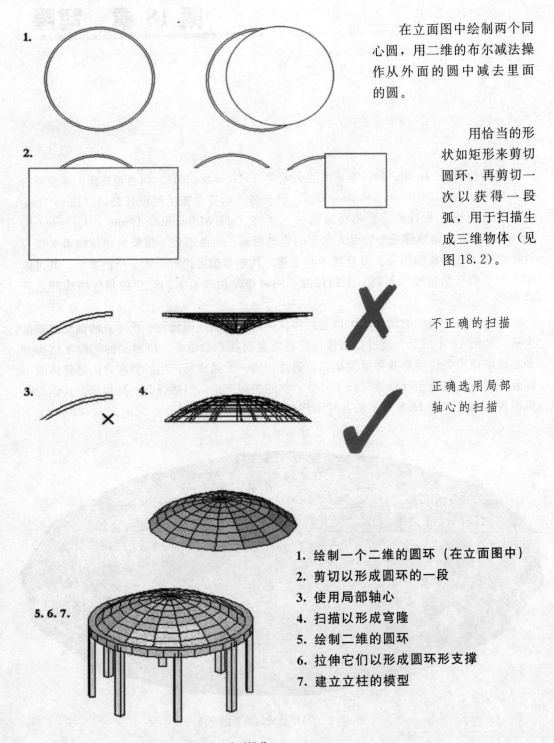

在立面图中绘制两个同心圆，用二维的布尔减法操作从外面的圆中减去里面的圆。

用恰当的形状如矩形来剪切圆环，再剪切一次以获得一段弧，用于扫描生成三维物体（见图 18.2）。

不正确的扫描

正确选用局部轴心的扫描

1. 绘制一个二维的圆环（在立面图中）
2. 剪切以形成圆环的一段
3. 使用局部轴心
4. 扫描以形成穹隆
5. 绘制二维的圆环
6. 拉伸它们以形成圆环形支撑
7. 建立立柱的模型

图 18.2 生成穹隆结构所需的一系列操作

半球形穹隆

半球形穹隆有一种结构特性是它可以被放置在墙体的顶部并且和墙体的连接是连续的。和前面的例子一样，这种穹隆可以通过扫描操作来创建。在这个案例中（见图 18.3 和图 18.4），支撑结构起初是圆柱形的，通过布尔减法操作方法从中减去了八个形状相似的开口，而最后的形式是通过布尔操作的加法而合成的一个统一的物体。

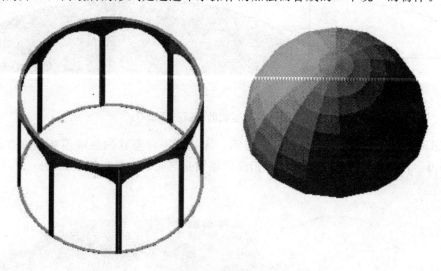

图 18.3　半球形穹隆形式以及支撑结构的分解图

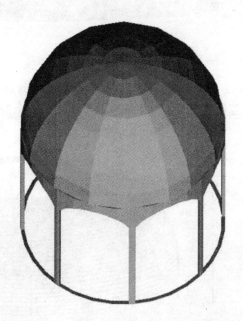

图 18.4　半球形穹隆位于支撑结构之上的轴测图

其他形式的穹隆

椭圆形的穹隆（见图 18.5）产生一个在边缘上有垂直切线的、升起较低的结构，因而它在结构上是非常稳固的。

图 18.5　CAD 生成的椭圆形穹隆形式

图 18.6 中展示的飞碟形状的穹顶显示，无论将何种形状的曲线围绕着垂直的轴线扫描都可以产生穹隆。在本案例中，扫描的轴线是与曲线本身是相偏离的。

图 18.6　CAD 生成的自由形式的穹隆

图 18.7 中的穹隆是由一段圆弧生成的。同样，与前面的例子一样，这段圆弧的圆心不在扫描操作的轴线之上，因而在穹顶的中央就出现了一个空洞。

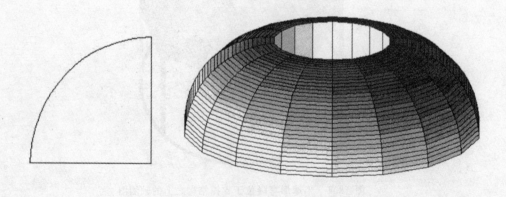

图 18.7　CAD 生成的空心穹隆形式

折板穹隆

这种穹隆是由平面的 CAD 物体所构成的，而平面的 CAD 物体为板状的结构物体。特殊类型的折板穹隆结构取决于板块之间角度的大小。无论从 CAD 的角度还是从建筑的观点来看，折板穹隆都是非常容易构建的。

锥形元素的穹隆

在这种类型的结构中（见图 18.8），可以先将锥形物体在平面图中制作出来，然后再使它们往穹隆的顶点倾斜。产生这种结构形式的另一种更为简单的方法是先沿着一个轴心扫描一个三角形，然后再通过重新定义扫描物体的分段角度值来控制结构中的锥形元素的数量。

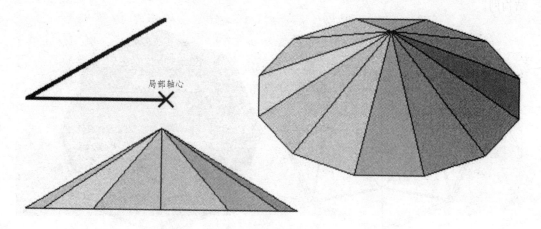

图 18.8　锥形元素的穹隆

正方形平面的穹隆

构建平面为正方形的穹隆的模型（见图 18.9）的最简单的方法是通过扫描来产生一个穹隆形式，然后再在平面图中用布尔减法操作把多余的部分减去。

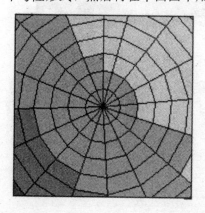 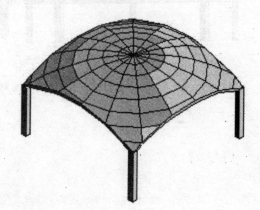

图 18.9　正方形平面的穹隆形式

多面穹隆

　　多面穹隆（见图 18.10）由许多平面组成，这样就在这些平面之间形成了许多成角的肋。建立这种穹顶的 CAD 模型的一种方法是用一个球体作为参照，放置平面元素，就像利用构造线来放置线段一样。需要决定的是平面的哪部分接触这个球体。这是一个比较麻烦的建模过程，为了正确地放置每个平面元素，需要在多个视图中进行操作。或者，还可以利用专门的空间结构软件来生成这种形式，虽然大多数的这些软件仍然是基于坐标系统的，并且在构造任何三维形式之前，用户必须提供大量的数字输入。尽管如此，这类软件的确可以让用户自己来确定需要覆盖的表面的类型、覆盖元素的形状（比如三角形、六边形等）以及它们的尺寸，并且，由于这种软件主要是用于结构分析的，它们还允许用户确定特定位置的荷载信息。以这些信息为基础，可以参数化地生成一个结构网。

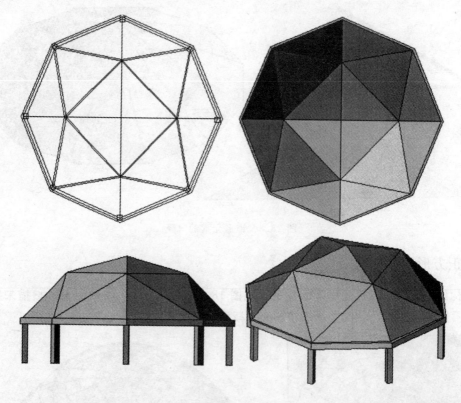

图 18.10　多面穹隆形式

第 19 章　相交壳体

相交壳体是由前面三章中介绍的各种结构形式的一些部分组合而成的。从结构上讲，相交壳体一般会比单个元素稳定，因为相交元素的混合作用可以带来更大的稳定性。相交壳体的结构效率取决于相交面之间的角度。相交面之间的锐角能够自然地产生一个肋，它比两边的面都更为坚固。

相交穹隆

这是将圆柱形壳体的三角形片断排列成正方形形式而形成的穹隆结构（见图19.1）。与图18.9所演示的方法相比，这是生成一个覆盖正方形区域的穹隆的一种更为逻辑性的方法。从一个空心的圆柱形开始，经过一系列布尔减法，可以生成创建这种穹隆所需的三角形块面。

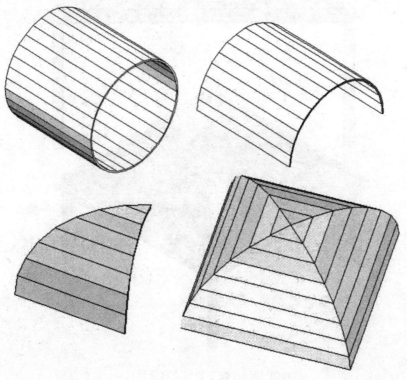

图 19.1　由圆柱形的片断构成的穹隆形式的相交壳体

扁平的相交穹隆

一个相交穹隆的扁平程度取决于相交元素之间的角度，它影响着壳体的升起。图 19.2 中所示的是图 19.1 中的相交穹隆的立面外形。图 19.3 展示了一个稍平一些的相交穹隆的立面外形以及相应的轴测图。

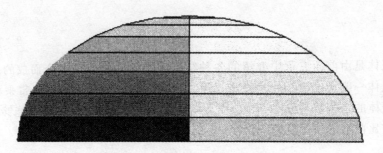

图 19.2　较高的相交穹隆形式

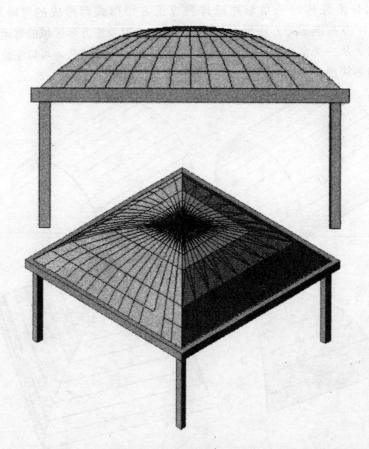

图 19.3　较平的相交穹隆形式

十字折板

和创建简单的折板一样，我们可以在立面图中绘制出一个元素的剖面（见图19.4），然后再将它拉伸到所需要的长度。这个拉伸后的形式随后可以进行复制，并可以相对于原有形式旋转90°（见图19.5）。

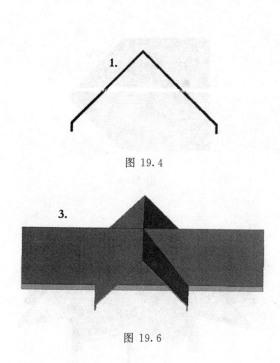

图 19.4

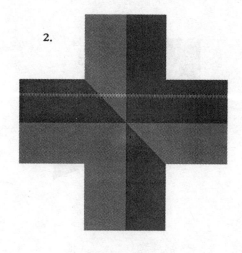

图 19.5

图 19.6

读者现在也许会认为可以直接将布尔加法或者交集运算应用于这两个元素。但是，从图19.6可以十分清楚地看到，还需要应用一定的布尔减法来清理位于两个元素之间的空间以及它们下方的相交空间，而且，纯粹为了操作的目的，还必须引入另外一个完全独立的形式，否则，布尔减法也是无法实现的。

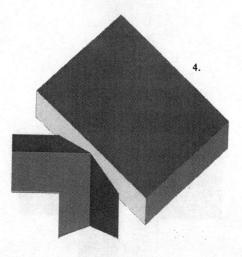

图 19.7

解决这个问题的一种方法是引入一个纯粹用于切割目的的三维体块，并且将它沿着相交部分的某一条对角线放置（见图19.7），然后从两个交叠的折板元素中减去这个体块两次（见图19.8），从而生成如图19.9所示的形式。需要注意的是，用于剪切的体块在每次减法后都会消失，因而，必须重新生成以便再次使用。

然后，可以通过圆形阵列（常称作"极"阵列）将这个独立的元素重复四次，阵列的中心位于箭头顶端（见图19.10）。最后，为了保证这四个组成部分能够组合成一个完整的结构，可以在相继的元素上使用布尔加法（见图19.11）。必须强调的是无论在什么时候使用布尔操作，准确地放置布尔操作所涉及的两个元素是十分关键的（见图19.12），因为任何与正确位置的轻微偏差都会导致生成元素的不对称，使之成为一个难堪的形式，使后面的操作难以为继。

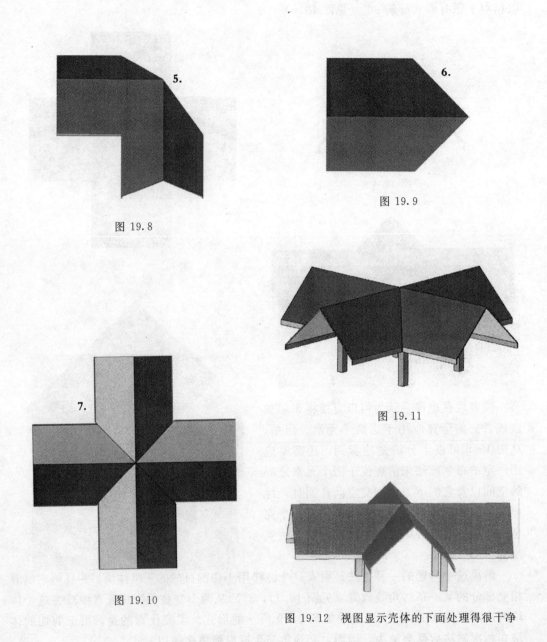

图 19.8

图 19.9

图 19.10

图 19.11

图 19.12　视图显示壳体的下面处理得很干净

十字筒拱

这个结构（见图 19.13～图 19.15）与前面的结构很相似，只是用圆筒代替了折板，这样，四个圆柱形筒相交形成了一个中心对称的穹隆。

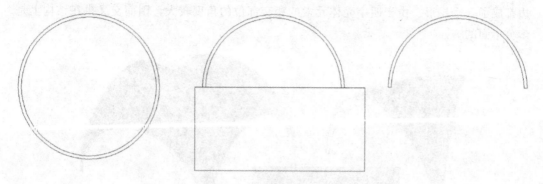

图 19.13 在拉伸前构建筒壳的立面

图 19.14 十字筒拱的平面图

图 19.15 十字筒拱的轴测图

交叉拱

交叉拱（见图 19.16）是一种相交壳体，可以使用与前两种结构相同的方法，用四片三角形的筒壳来构建。这些三角形块面排列成一个正方形平面，这样，正方形的每一边都成了一个拱形。由于四个壳体元素的相交部位的角度较大，因而交叉拱在结构上是十分牢固的。

图 19.16　交叉拱

多边形交叉拱

除了有更多的圆柱形元素参与其中以外，这个结构（见图 19.17）与上一个结构是十分相似的。五边形交叉拱结构的模型是通过沿着它的外围形状拼接各个元素而构建的。边数更多的多边形交叉拱也可以类似的方法进行建模。

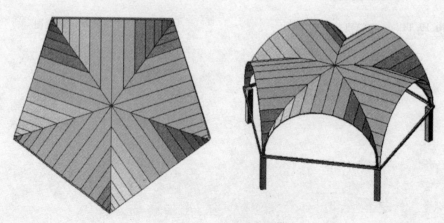

图 19.17　多边形交叉拱

正如它的名称所暗示的那样，直纹曲面（ruled surface）是由平直元素组成的曲面。曲面中的　系列直线被称为这个曲面的"母线"（generators 或 generatrice，参见下一页）。这种曲面的最简单的范例或许就是圆锥，从建筑学的观点来看，这类形式中最有趣的有螺旋面、双曲抛物面（或抛物面）以及单叶椭圆双曲面（或简称双曲面，以区别于双叶椭圆双曲面，后者由三维空间中相互分开的两个部分所组成）。

在实践中使用直纹曲面的主要优势在于它们可以很容易制作出来，例如，对于混凝土结构而言，直纹曲面只需相当简单的模板。由于直纹曲面完全由有头有尾的直线所组成，因而石匠们常常通过使用"样板"来制作它们。样板是一种薄板，切割成需要的外形，在加工或者切割的过程中用以标记出面的形状。样板界定出一系列的起点和终点，

螺旋面立面图

螺旋面轴测图

螺旋面平面图

旋转楼梯

图 20.1　螺旋面

一个个面被顺序切出，直至制作出所需的曲面。直纹曲面使石材的加工可以不在工地上进行，它十分精确，在被固定到指定的位置之前都不需要和相邻的石块进行对照。在模具制作（如制作人造石）和模型制作中也同样可以利用它的这一优点。

螺旋面可以描述为一条线沿着中心轴旋转和移动（见图20.1）。这是一种在建筑中比较常见的形式，旋转楼梯就是其中一例。

在继续讨论其他的直纹曲面之前，读者应该注意一下与直纹曲面的创建方式相关的一些常用术语。首先，一条移动的直线常常被称作母线（generatrix），因为由它产生了面。决定母线运动方向的线被称为准线（directrix）（见图20.2）。

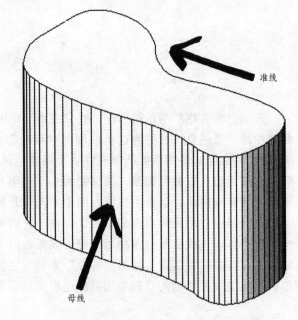

图 20.2 直纹曲面的术语

图 20.3 中展示了一个双曲抛物面，在这个例子中，在运动时可以改变自身长度的母线是由两条不共面的准线控制的，这两条准线的长度也是可变的。在这个表面中，任何沿准线方向截取得到的都是一条直线，而沿任何其他方向截取得到的都是一条曲线。

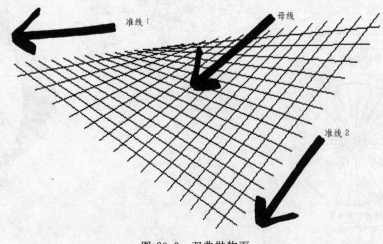

图 20.3 双曲抛物面

图 20.4 中所展示的形式是一个单叶椭圆双曲面（双曲面）。在这个直纹曲面中，上部和下部的圆构成了准线，而倾斜的母线在它们之间运动。如果母线是垂直的，那么就会形成一个圆柱形的直纹曲面。准线的形状、尺寸和分隔距离都可以变化，母线倾斜的角度也同样可以变化。下面的图 20.4 中所展示的有着圆形准线的双曲面也可以通过围绕中心轴旋转一个双曲线而得到。

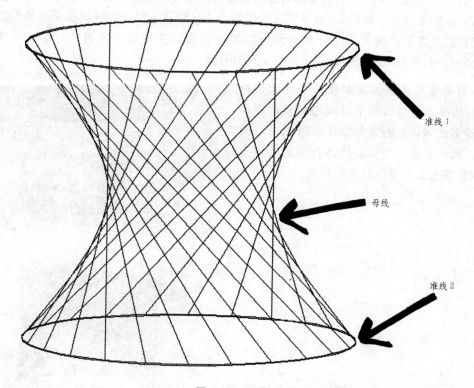

图 20.4　双曲面

所以，一个双曲面可以通过两种不同的方法产生：

• 围绕一根垂直的轴线扫描一条直线。

这种方法可以产生圆形和椭圆形的双曲面，不过，这是一种耗用内存的 CAD 操作。

• 围绕一根垂直的轴线扫描一条双曲线。

通过这种方法可以很容易地制作出圆形的双曲面，通过在 x 和 y 方向上以不同的比例缩放所得的双曲面可以制作出椭圆双曲面。

直纹曲面中布尔操作的运用

【案例分析】 圣家族教堂；建筑师：安东尼·高迪；CAD 重新建模：塞拉诺、科利、梅莱罗、布瑞等

所有安东尼·高迪（Antoni Gaudi）的圣家族教堂的图纸都在西班牙内战中被焚毁，而且，中殿的 1：10 的石膏铸塑细部模型也被损毁。直到最近，当这些模型被重建以后，人们才发现，用 CAD 建模来表述它们的几何形状、促进高迪的这个奇异的教堂的建设是最好不过的了。这个项目的全部描述请参见塞拉诺、科利（Coll）、梅莱罗（Melero）和布瑞 1993 年和 1996 年的文章与书籍。

对圣家族教堂的立面和水平元素进行 CAD 建模大量地依赖于对实心的双曲面体（而非双曲表面）的布尔操作。图 20.5～图 20.7 展示了从一个实心体块连续地运用布尔操作减去双曲面体的基本原理。

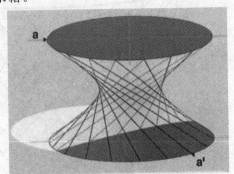

图 20.5 双曲面

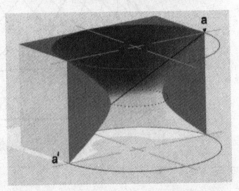

图 20.6 用布尔减法从一个实心体块中切掉一个双曲面体

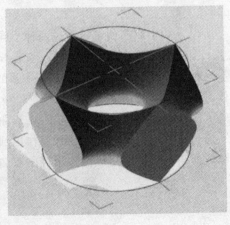

图 20.7 从一个实心体块中切掉五个双曲面体（四个在体块的角部，一个在体块的中心）后得到的形式

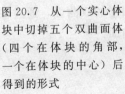

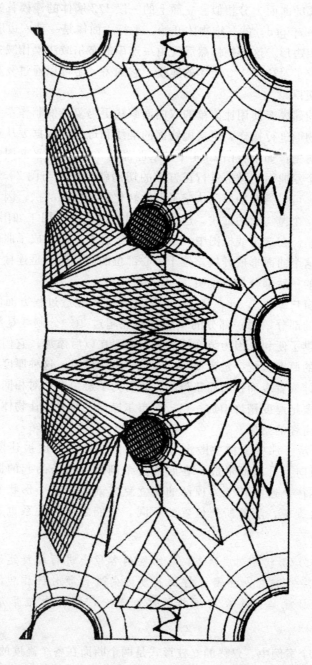

图 20.8 线框形式的 CAD 图像，显示在
圣家族教堂中殿的某个水平元素中运用
抛物面和双曲面的情况

圣家族教堂中殿的正立面,包括胸墙、拱以及圆形和椭圆形的窗户等不同部分,其中的每一部分都是一种不同形式的双曲面,它们在立面的纵剖面上都是对称的,因此,内部的曲面和外部的曲面十分相似。立面上的一段 1/2 墙体的建模首先从一个被称作平行六面体(parallelepiped)的三维物体开始。平行六面体是一种六边形棱柱,它的每一面都是一个平行四边形。这个物体然后经由一连串的布尔减法操作减去一个个双曲面体来定形。一旦完成了对这个 1/2 墙体的建模,它的另一半可以通过复制和反射前面的一半而轻而易举地获得。

立面上扶壁的建模要使用比简单的双曲面减法更为复杂的制作系统来进行,这种制作系统用于对抛物面进行操作。定义抛物面的准线和母线的数据要从双曲面的几何图形中获得。应该很清楚,如果将图 20.4 中的双曲面转 90°并且从平面图中进行观察,在此平面方向穿过这个双曲面的鞍部进行正方形的切割就会生成与图 20.3 所示十分相似的抛物面。接下来,可以将抛物面的扶壁平滑地转化为双曲面的拱:因为一个双曲面的母线同时也可以是一个抛物面的准线。这个原理同样也可以应用于如图 20.8 中所示的那些水平元素的建模。在这个线框图中,抛物面体结合在一起形成了曲面的实心部分,而双曲面体则穿过这个曲面形成开口。位于中心部位的两个圆形是连接立柱的地方。立柱的建模将在本章的稍后部分加以说明。

教堂巨大的窗户宽达 7.5m,高 15m,因此考虑到建造过程方面的因素,需要把它分成若干个较小的部分,每一部分的重量都不能超过 2t。分割线是沿着母线的,它给另外一个方面提供了便利,因为装饰性的元素需要在以后添加,它们同样需要沿着母线进行。所有部分的厚度被统一定为 15cm,对于 CAD 建模,这种厚度是通过向内进行垂直于外表面的拉伸或者表面投射而获得的。有时为了避免由于对相同曲面进行布尔操作而产生问题,需要把厚度稍许增加一点。在布尔操作之前最好让物体之间有所交叠,否则,可能会产生奇怪的结果。

后面五页展示了那些支撑主殿走廊和屋顶的立柱是如何被建模的。每根立柱通过一个水平剖面向上升起而形成,在底部这个剖面由八条凸起的抛物线和八条凹下的抛物线组成,往上逐渐转变为顶部的陶立克式剖面。这个形状变换的主要原理是同形剖面的反向旋转,随着所处位置的不同,它们之间的关系也是各不相同的。布瑞指出:

"这个(底部)形状复制成两个,在立柱的各段上进行螺旋运动,但它们的动作方向是相反的:一个精密地沿着立柱的长度方向进行顺时针旋转,而另一个则进行逆时针旋转。立柱就是两个反向螺旋的共同部分,即两者相互介入的实体部分。"(布瑞,1993 年)

因此,在这个案例中,最终的立柱形式是两个断面在各个高度的布尔交集,而不是布尔加法或者减法。随着断面向上移动,立柱看起来像是在不断地生长。基于同样的几何原理,高迪创造出了各种各样的立柱。圣家族教堂中主要立柱的尺寸是与荷载大小相一致的,承受较大荷载的地方采用了更为坚固的材料。

圣家族教堂立柱的主要断面

圣家族教堂立柱的主要断面见图 20.9～图 20.12。

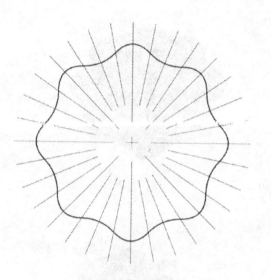

图 20.9　0m 时的立柱断面（平面图）

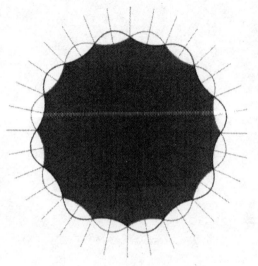

图 20.10　8m 时的立柱断面（平面图）

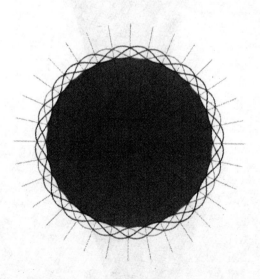

图 20.11　12m 时的立柱断面（平面图）

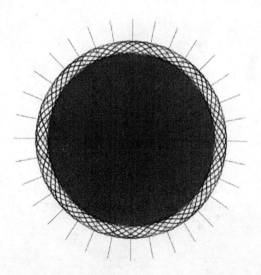

图 20.12　14m 时的立柱断面（平面图）

圣家族教堂立柱的主要拉伸

圣家族教堂立柱的主要拉伸见图 20.13～图 20.21。

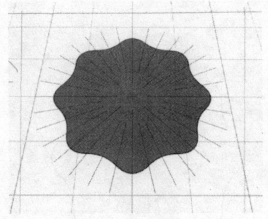

图 20.13　0m 时的立柱断面（透视图）

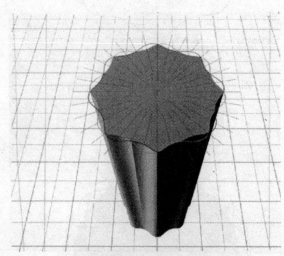

图 20.14　0～4m 的立柱（透视图）

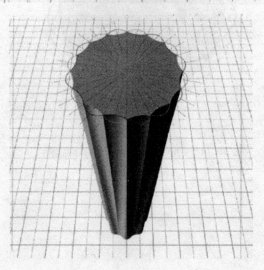

图 20.15　0～8m 的立柱（透视图）

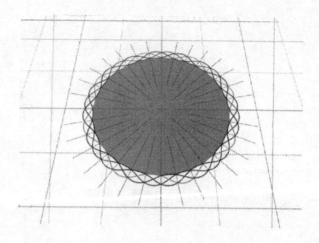

图 20.16　12m 时的立柱断面（透视图）

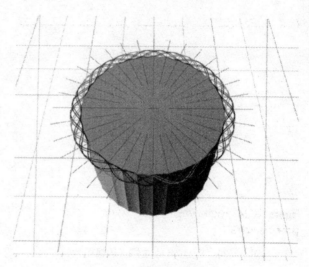

图 20.17　12～13m 的立柱（透视图）

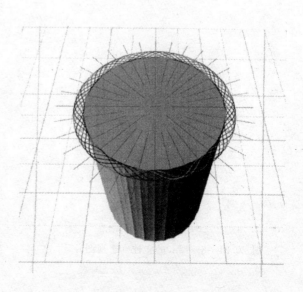

图 20.18　12～14m 的立柱（透视图）

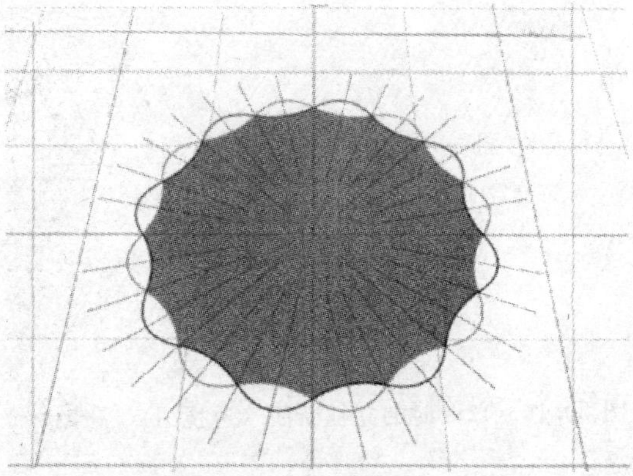

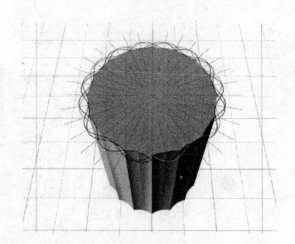

图 20.19   8m 时的立柱断面（透视图）

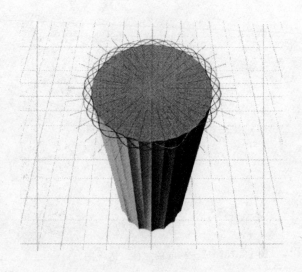

图 20.20   8～10m 的立柱（透视图）

图 20.21   8～12m 的立柱（透视图）

完整的圣家族教堂立柱

　　完整的圣家族教堂立柱见
图 20.22。

图 20.22

圣家族教堂剖面

圣家族教堂剖面见图 20.23。

图 20.23

圣家族教堂平面

圣家族教堂平面见图 20.24。

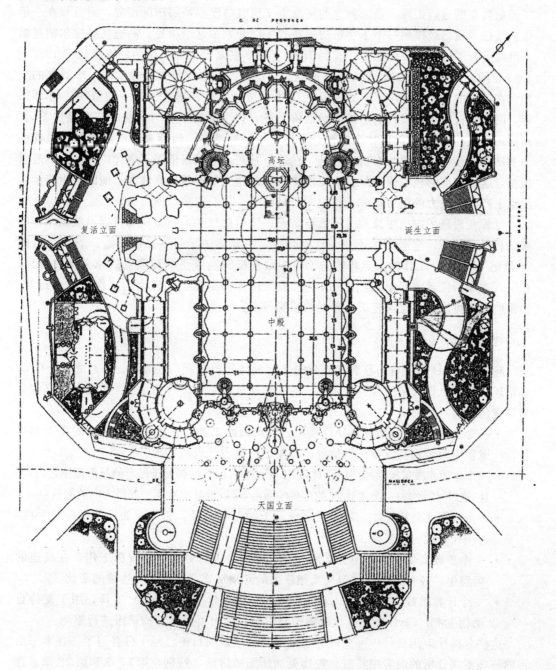

图 20.24

历史演变

高迪在 1883 年从建筑师维拉尔（Francisco de Paula del Villar y Lozano）手中接过了圣家教堂的建造工程。圣家教堂的基地位于当时的巴塞罗那市的市郊，而且早在一年以前维拉尔就已经按照一个十字形的哥特式平面开始了这个项目。高迪在维拉尔的基础上继续进行了这个项目的建造，直到 1887 年地下室完工。合唱席的外墙修建于 1887～1893 年间，从那以后直到 1926 年高迪逝世，所有的工作都集中于教堂的一个翼部的立面。在后面的这个阶段中，工程有几次中断，高迪也对方案进行了一些修改。到 1925 年，高迪才提出了他设计的新的中殿结构系统，这个结构系统与早期的方案截然不同。高迪用了大约 30 年的时间才开始抛弃哥特式的扶壁结构，转而采用以双曲面和抛物面为基础的、在他看来更为有机的方法。在这个时期，他重新使用了现代广为人知的悬索模型，这种模型的核心原理是认为受压结构的最理想形式是悬索曲线。他的悬索模型由绳索上产生拉应力的重力组成，拉应力一旦倒转，就会转成为压应力。

尽管在西班牙内战中高迪的图纸被焚毁、模型被打碎，但是从那以后，根据幸存下来的材料和记录，建造工作还在一直进行着，主要集中于另一翼的建造。直到最近的 20 世纪 70 年代，工作的重点才转向了将中殿模型转换成正确和准确的施工文件方面。在引入这里所描述的 CAD 操作之前，这类工作还都是由实物模型的制作者来进行的，但是他们不可能达到建筑施工所需要的精确程度。

建造分析

除了用 CAD 环境对圣家教堂复杂的几何形体进行建模（见图 20.25）之外，CAD 环境还被用于执行大量的分析性任务。对于建造过程来说，它们是至关重要的，这些分析环境包括：

- 一个能够快速准确地把 CAD 模型进行截面的工具，它被用于在弯曲的立面和拱屋顶中确定钢筋混凝土的位置，以满足抗震设计设防要求。
- 一个体积和质量属性的评估工具，用于确保每一块部件都处于吊车的起重范围之内，而且，通过计算出每一个重达 2t 的部件的质心，可以设计出有利于起吊方向的起重点。
- 一个有限元分析模块，用于确定表面上的荷载路径，否则，如果使用传统手段，这项任务就过于复杂了。
- 一个参数变量工具，用于支持对高迪的模型进行解释性的分析工作，在高迪的模型中，各种互相不同但又互相联系的几何形式之间，都有连续的变化。
- 一个计算机数控（computer numerical control，简称 CNC）工具，用于支持自动化生产，CAD 环境生成精确的数字控制输出可以对五轴铣床进行驱动。

这些分析性应用软件中一些部分在大规模的建设项目中已经十分普遍了，在本书后面的一些案例分析的内容中将对此进行更加详细的讨论，特别是第 27 章和第 28 章。在转入讨论设计实践中更为先进的 CAD 建模的概念性和分析性的作用之前，我们在下一章将用实际的设计项目来继续讨论从本章开始的、有关基本的 CAD 物体和 CAD 操作方面的内容。

图 20.25　圣家族教堂中殿的一个水平元素的
CAD 生成的渲染图像

第 21 章 以 CAD 物体和 CAD 操作建模

在前面一章里，我们试图用一些复杂曲面对高迪的一件主要的建筑作品进行 CAD 建模，这些曲面在 CAD 物体中被称作直纹曲面，例如双曲面和抛物面等。在这一章中将有更多的例子来演示如何可以采用第三部分中所描述的 CAD 物体加上第四部分中所描述的 CAD 操作来构建一些相当复杂的建筑。举这些例子的主要意图是向学生展示怎样可以通过基本的 CAD 物体和操作来生成一系列众所周知的建筑形式，不管它们是简单的还是复杂的。换句话说，在创建建筑形式的背后存在着一系列核心的 CAD 原理，而不管这些形式的复杂程度如何。

【案例分析 1】 威尔士议院方案，理查德·麦科马克

建设威尔士国家议院的决议的一个主要内容是要提供一座包括一个辩论会议大厅和一系列其他设施的建筑。负责设计这座建筑的建筑师是通过设计竞赛来选择的，这项竞赛设定了一个功能性的限定，要求整个建筑的造价不超过 1200 万英镑。设计大纲要求建筑物有高标准的环保性能，并希望尽可能地采用可持续的材料。

在入围方案中有一个是麦科马克的方案，在早期的一些建筑项目中，麦科马克就非常注重建筑的几何性，他近期的一些建筑作品的特色也在于抽象的几何形式，例如兰喀斯特大学的罗斯金图书馆（Ruskin Library at Lancaster University）。他最近为加的夫

图 21.1 用简单的拉伸来建模的屋顶天棚

（Cardiff）威尔士议院所做的未建方案也具有相似的特征。虚拟艺术创作公司为这个方案进行了 CAD 建模以及其他的方案表现，在下列图中，一系列连续的 CAD 模型显示的是不同元素以加法方式被放置在一起，第一个元素是图 21.1 所示的简单的平屋顶，它实际上是通过简单的拉伸创建的一个水平平板。

图 21.2　添加弧形墙和通过布尔减法创建的开窗

在图 21.2 中，曲线的墙可以直接用曲线墙工具来建模，然后在墙中插入开口元素。更原始的方法是拉伸一个封闭的二维曲线，然后再应用布尔减法操作创建开口。

在图 21.3 中，引入了一个椭圆体，椭圆体可以通过第 11 章中介绍的方法扫描一个椭圆来创建。在这个案例中，通过布尔减法切去了椭圆体的上部，玻璃窗部分采用的也是相同的操作。

图 21.3　添加椭圆体辩论厅及它的开窗

图 21.4　添加玻璃体

在图 21.4 中，在椭圆体形式的辩论厅和原先的曲线墙体之间引入了一个独立的弧形玻璃体。

最后，在玻璃体后面与弧形墙邻接之处添加办公空间，建模也就完成了。周围的建筑可以非常简单地用拉伸的体块来建模，并采用最简单的渲染进行表现。最后可以用图形处理软件把扫描的图片叠加到最终的 CAD 图像上，以制作出人物配景（见图 21.5）。

图 21.5　添加办公空间和周围环境

【实例分析 2】 约克郡艺术中心项目，穆罕默德·阿斯里

下面的四张图显示的是用第 13 章介绍的 CAD 放样技术创建一个复杂的建筑形式。

放样是通过在所选的一系列不同形状的曲线之间进行调和来形成平滑的曲面。图 21.6 所示的平面显示了一个随着断面曲线变化而逐渐变细的放样形式，这些断面曲线也是结构要素，它们互相间隔，包围着这个形式，如图 21.7 所示。断面曲线和纵向曲线也同样见于图 21.8 和图 21.9 的室内透视图中。通过放样操作生成的平滑曲面显示为三角形网面，这是在计算机中表现曲面的一种有效方法，尽管曲线形网面往往可以生成比三角形网面略显真实的效果。

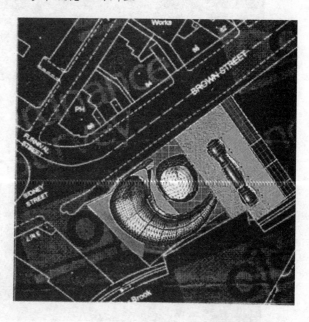

图 21.6 总平面中的放样体积，显示断面曲线的尺度

图 21.7 被三角形网面包裹的放样体积

图 21.8　放样空间的内部以及断面曲线和纵向曲线

图 21.9　放样空间的室内细部

【**案例分析 3**】　　漂浮戏台，槙文彦

槙文彦设计的漂浮戏台坐落于荷兰格罗宁根（Groningen）的一条运河之上，实际上，它是一个开放的舞台，由一个白色半透明的聚酯顶棚围绕并遮盖。这个顶棚由一层薄膜构成，拉伸于呈盘旋的双螺旋形式的一组钢管之上。这个动态的结构支撑于一个 25m 长 6m 宽的混凝土浮筏上。建立这个复杂的动态形式的模型的起始点是设立一个如图 21.10 所示的二维的构造线网格，两边细长的矩形指示的是座位的范围。

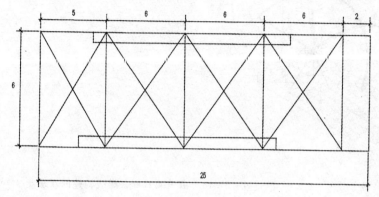

图 21.10　二维平面构造线网格

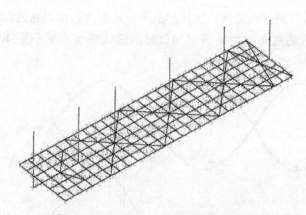

图 21.11　显示三维构造线网格的轴测图

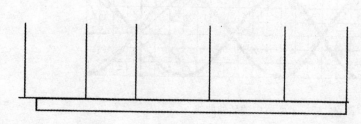

图 21.12　显示三维构造线网格的立面图

在这里需要绘出三维构造线作为更加复杂的元素建模的参照线。如果 CAD 系统不能提供可以直接在三位空间中绘制的线，那么也可以先在二维中把它们绘制出来，然后略微拉伸并放到应有位置，可以通过这种方法来模拟。一旦绘出三维构造线，我们可以将它们组合在一起，就像一个元素一样，它们最好处于同一图层但具有不同的颜色属性，这样可以保证构造线的功能仅仅在于参照，而不会和模型的其他部分混在一起。图 21.11 显示了一个三维构造线网格，它在平面上叠加了一个 1m 间隔的网格（见图 21.12）。

为了给这个结构的核心元素——螺旋曲线管建模，用户必须能够创建三维曲线，而且是特定的三维 B 样条螺线。B 样条一类的三维 CAD 物体仅在更先进的 CAD 系统中才能提供，这些系统允许用户通过键入所需的"参数"，如顶部半径、底部半径、高度以及斜度等，来构造本例中的螺线一类的复杂形式。一旦创建了第一个螺旋曲线，只需要通过对它进行镜像复制处理就可以创建第二条曲线。通过在立面图中利用已定义的枢轴线，两条组合在一起的曲线形成了一个双螺旋（见图 21.13），它是构建顶棚的基础。

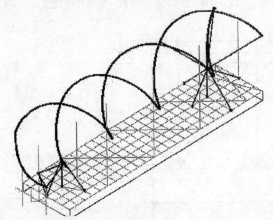

图 21.13   由三维 B 样条螺线构建的双螺旋

下一步所需的修改是将曲线延伸到浮筏之外，这样形成了一定程度的屋面悬挑。这是通过创建另一个 B 样条曲线然后通过布尔加法将它和已有的螺线焊接成单一物体而形成的（见图 21.14 和图 21.15）。

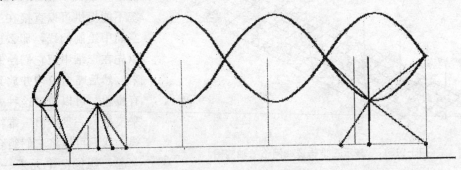

图 21.14   立面图中的延伸曲线

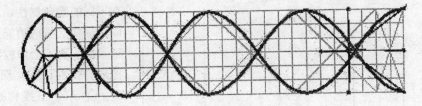

图 21.15   平面图中的延伸曲线

在实际中，每一条螺线并不只是一条单独的线，而是由三个相似的螺旋杆结合起来的，它们相互紧靠，并用三角形的钢板连接在一起。为了模拟这种三条杆的构造，需要建立更多的构造线以便正确地放置这些杆件。一旦完成，可以建立一个三角形钢片模型将三个螺旋杆连接在一起。端头的钢片可以在常规的 x/y 投影面（如立面）中建模，然后沿着相应的 z 轴拉伸到所需厚度。然而，由于螺线是沿着不规则的轴线移动的，把钢片拷贝到其他位置就变得极其困难，它需要额外的数值计算，并要耗费大量的时间。我们可以采用一种简单的近似办法，即用圆形的断面替代三角形。

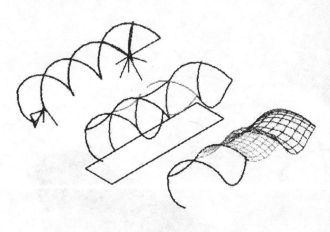

图 21.16　为屋面创建闭合的曲线

屋面膜结构系统可以通过确定面的边界元素并让 CAD 系统在这些元素之间进行插值计算来创建。为了成功做到这一点，需要创建另外的曲线以形成闭合的边界，然后，就可以通过确定一系列的边界元素来创建屋面了（见图 21.16～图 21.22）。

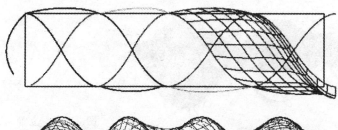

图 21.17　屋面的确定，平面视图

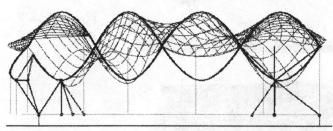

图 21.18　立面图中的屋面

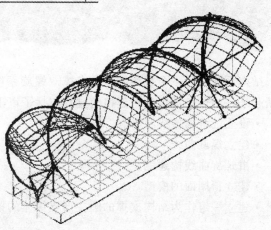

图 21.19　屋面的轴测图

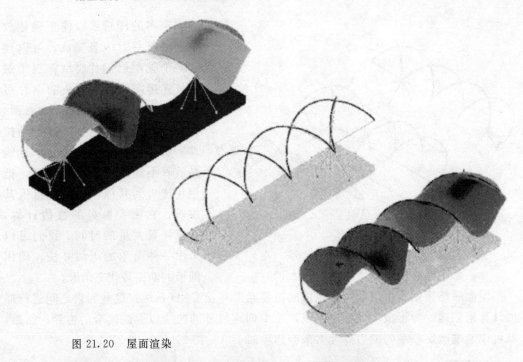

图 21.20 屋面渲染

图 21.21 立面
图中的屋面渲染

图 21.22 平面图
中的屋面渲染

　　结构系统的另一个重要部分是支撑双螺旋系统的圆柱形，它们将荷载分散到浮筏。
概括起来，为这个漂浮戏台建模的过程包括了以下五个主要步骤：

- 设立三维构造线网格
- 建立螺旋曲线
- 由螺旋曲线构建螺旋杆
- 建立顶棚面的模型
- 建立一组作为结构支撑的圆柱形支撑体的模型

第22章　通过参数表达而产生的形式传播

【案例分析】　伦敦滑铁卢国际车站，尼古拉斯·格里姆肖及合伙人事务所

　　这个耗资 1.3 亿英镑、位于伦敦滑铁卢的国际车站（见图 22.1）是一座位于复杂基地上的火车站，每年接待旅客 1500 万人次，它准时竣工于 1993 年 5 月，造价控制在预算范围内。从 CAD 的角度看来，在这个设计中，令人最为印象深刻的特点是它那个向尾部逐渐展开的巨大的曲线形车站站棚。车站站棚之中的结构元素在大小和形状上富于变化且十分复杂，可能是因为在设计中使用了 CAD 结构分析技术，这项技术的主要特点在于它表达"参数化关系"的能力。一个"参数"就是关系到其他变量的一个变量，这些其他变量可以通过"参数方程"的方法来获得。在这个项目中，主要参数关系在于结构形式的表达，在这个结构形式中，各个拱的跨度和曲率是相互关联的，这些关

图 22.1　从已建的车站大厅看火车站台

系又决定着桁架的具体细节。

　　桁架是不对称的，因为有一条铁道的位置贴近于基地的西侧，带来的结果是要求结构在这里升起得陡一些，以利于火车进出。桁架基本的结构形式是扁平的三铰弓弦式拱。由于站台的几何形状是非对称的，中心铰点向一侧偏移，这样使拱可以在西侧升起得较陡，形成较高的火车通道，而在东边的站台一侧的倾斜较为平缓。

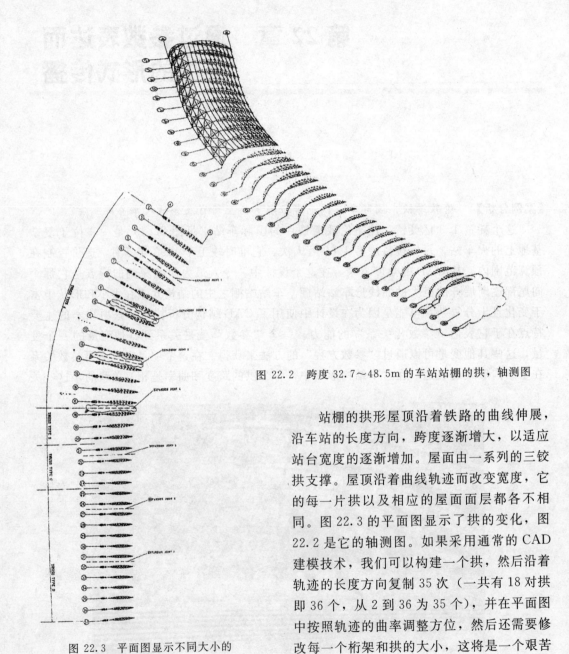

图 22.2　跨度 32.7～48.5m 的车站站棚的拱，轴测图

　　站棚的拱形屋顶沿着铁路的曲线伸展，沿车站的长度方向，跨度逐渐增大，以适应站台宽度的逐渐增加。屋面由一系列的三铰拱支撑。屋顶沿着曲线轨迹而改变宽度，它的每一片拱以及相应的屋面面层都各不相同。图 22.3 的平面图显示了拱的变化，图 22.2 是它的轴测图。如果采用通常的 CAD 建模技术，我们可以构建一个拱，然后沿着轨迹的长度方向复制 35 次（一共有 18 对拱即 36 个，从 2 到 36 为 35 个），并在平面图中按照轨迹的曲率调整方位，然后还需要修改每一个桁架和拱的大小，这将是一个艰苦的过程。

图 22.3　平面图显示不同大小的
屋顶桁架以及伸缩缝位置

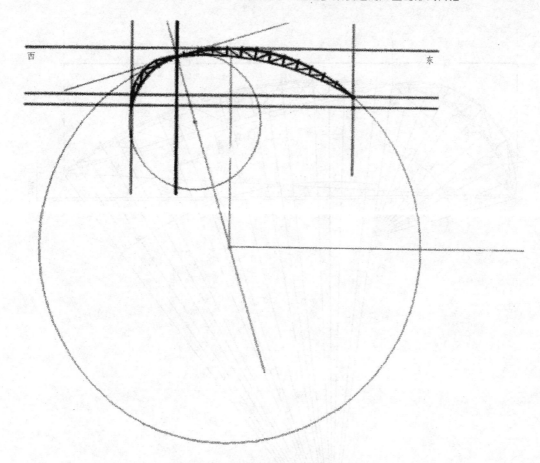

图 22.4　定义桁架几何形状的构造线网格

　　然而，不用分别建立每一个拱，我们可以为拱建立一个"参数化"模型，它包含了全部拱所共有的设计规则，这样，全部的屋顶模型就变成了这个参数化模型的一系列的实例，每一个实例各自具有不同的跨度参数值。

　　站台的剖面形式取决于对高度的限制要求，但它必须能够容纳到站的列车。图 22.4 显示的是对这个重要的设计限定的对策。为了容许列车在下面靠站，拱在西边的曲线比东边的陡了许多。一个完整的三铰拱由两个弓弦桁架组成，如图 22.4 和图 22.5 所示，较长的桁架在内侧有拉杆，而较短的桁架的拉杆位于外侧。西部短桁架上的面层均为玻璃，而东部长桁架的面层为不锈钢装饰，这样可以减少阳光的摄取。

　　在 CAD 模型中，通过对图形对象之间的参数化关系的表达，我们可以简单地把全部的可能结果全部描述出来。这个基本的 CAD 原理正好适用于滑铁卢车站这个案例。在这个案例中，相似的但在比例、尺度、位置等方面各不相同的一系列拱形结构形式可以被描述出来。图形对象之间关系的参数化表达是一种对一批复杂的设计关系进行建模的方法，而使用常规的 CAD 技术对它们建模将是十分困难的。无论如何，现在大多数的桌面 CAD 系统都有相应的计算机编程环境，在此情况下，CAD 用户至少可以自己在编程环境中设定这些参数关系，即使在 CAD 系统中没有直接的参数表达手段。更多有关用户以此方法定义和扩展 CAD 功能的讨论将在下一章中继续进行。

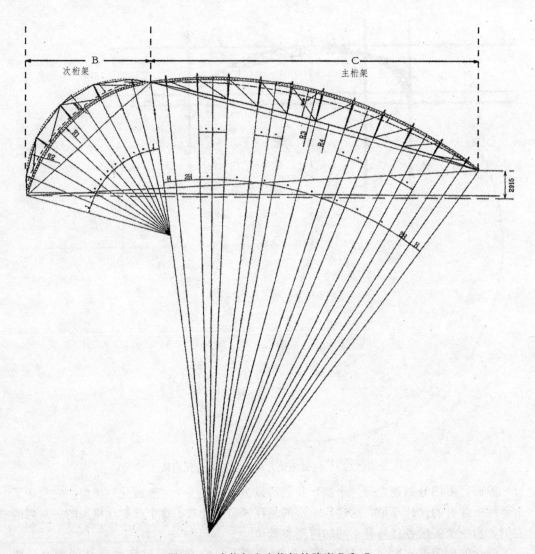

图 22.5 次桁架和主桁架的跨度 B 和 C

　　滑铁卢车站站棚的参数表达中所包含的两个主要元素是形成三铰拱的次桁架和主桁架，更确切地说，是它们的水平跨度，分别为 B 和 C，如图 22.5 所示。

　　逐渐缩短的桁架尺寸取决于桁架比例参数（hx/H），而位置则决定于一个关系参数，它将东边支点的垂直高度保持在 2915mm，如图 22.6 所示。于是，H 和 hx 都可以通过简单的毕达哥拉斯方程式（勾股定理，直角三角形斜边的平方等于两条直边平方之和）获得。在常规的 CAD 方法中（所有的主要尺寸都要显式给出），所有主要的拱的尺寸 [hx（或 H），B，C] 当然也可以更改，但是只能通过一系列冗长繁琐的删除操作再加上新的 CAD 绘图操作的手段来进行。而另一方面，对于参数化的 CAD 模型（其中某些尺寸来源于其他的尺寸），可以通过选择一个尺寸并改变它的参数值来进行简单快捷的修改。仅仅使用了图 22.6 中的一个拱形几何物体，再加上相应的参数表达式，就组成了一个参数化 CAD 模型，通过给参数表达式提供新的数值，可以获得其他任何一个拱。

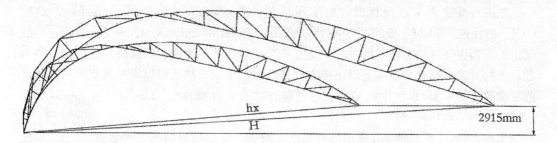

图 22.6　桁架比例因数的参数化表达

较短的桁架尺寸取决于桁架比例参数（hx/H），位置决定于一个关系参数，它保持东边支点的垂直高度为 2915mm。桁架的比例参数基于斜边（hx）和三角形的其他两条边的比率，即 $hx = \sqrt{2915^2 + (B+C)^2}$，其中，B 为次桁架跨度，C 为主桁架跨度。

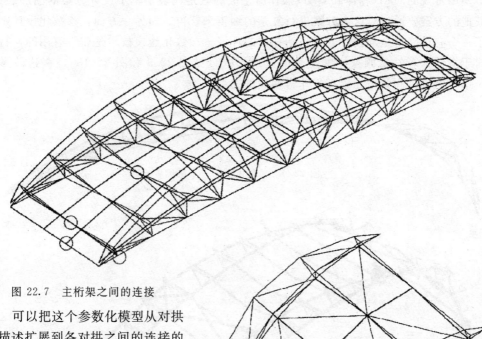

图 22.7　主桁架之间的连接

可以把这个参数化模型从对拱的描述扩展到各对拱之间的连接的描述，如图 22.7 和图 22.8 所示的那样。然后，这个模型还可以一直扩展到整个顶棚，这样，一旦改变了任何的尺度，这个改变将在整个模型中传播。所以，参数表达可以允许用户改变关键参数的数值，并观察这些改变在从属的表达式中传播并进而在从属的几何形态中传播，这常常被称作"战略性操控"（strategic manipulation）。

图 22.8　次桁架之间的连接

在进行滑铁卢车站项目时，由于图形用户界面（graphical user interface，简称 GUI）的优点，YRM·安东尼·亨特联合公司（YRM Anthony Hunt Associates）的结构工程师能够以动态图形的方式"交互式"地对参数的改变进行探讨。根据相应的参数，他们可以在计算机屏幕上以图形方式移动控制手柄，然后可以实时地观察到这些修改在参数化的 CAD 模型中的传播。这被称作"直觉性操控"（intuitive manipulation）[艾什（Aish），1992 年]。

当前，CAD 系统的交互式图形界面已比滑铁卢车站项目时期大为普遍，CAD 系统应用中的面向对象环境的使用也同样如此。把这两个因素放在一起就可以发现，CAD 环境现在已发展到非常适于参数化关系的表达。在这样的环境中，设计更改可以通过"消息传递"（message passing）这一面向对象的技术来进行，而每一个图形对象都可以向它的从属对象发送消息。

使用常规的 CAD 物体和 CAD 操作所生成的只是代表了单个设计方案的图形表达，而其他的方案要通过对这个方案进行复杂的编辑来获得。而另一方面，参数化设计则提供了一个有可能将全部设计方案包括在内的环境。参数化建模技术是非常有用的，特别是对于滑铁卢车站站棚这样的复杂的建筑形式（见图 22.9 和图 22.10），在这种形式中，单个的部件和其他元素有着非常明确的关系。

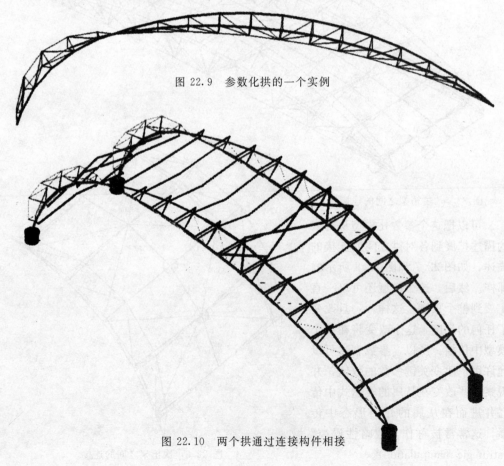

图 22.9　参数化拱的一个实例

图 22.10　两个拱通过连接构件相接

　　由于整个车站站棚的结构形式十分复杂，它在与上部的表层或面层的关系方面产生了特别的问题。作为 CAD 生成的三维模型，虽然图 22.11 显示的是面层可以牢固地装配于拱以及连接件之间，但在施工现场，情况却并非如此。随着向站台的趋近，车站站棚逐渐扭曲扩张（见图 22.12 和图 22.13），对于这样的结构，采用标准的玻璃窗体系将变得特别昂贵，因为它可能需要采用成千上万种不同尺寸的构件，并且对这样的玻璃窗体系的施工将会是非常复杂的，难以在工程限定的时间范围内完成。为了解决这一问题，最终采用了一种较为松散的连接方法，这样可以使用较少的玻璃尺寸，每一块玻璃都固定于各自的框架上，相互之间像屋面瓦那样上下重叠。它们的侧边以六角形的氯丁橡胶衬垫相互连接，这种衬垫可以涨缩以适应不同的角度以及宽度的变化。

图 22.11　中间有连接构件和面层的两片拱

　　在这里，显而易见，通过应用参数化表达来生成如图 22.4 所示的规则几何形式，我们可以创建车站站棚这样的形式，尽管它非常复杂。而表层系统又是和结构系统相关的，可以根据结构系统来生成，这是一种"构成"的设计方法，这个设计可以分解为许多部件，可以由不同的部门加工生产，这种设计思想和方法在工业和机械设计及生产领域更为普遍。构成性的设计与参数化建模技术的使用之间有着非常紧密的联系，后者在前述的设计专业中开展得非常好。

　　虽然车站站棚是这个项目非常引人注目的地方，但它的耗资只占 10％，也许这个数字本身说明了在设计早期阶段使用结构分析软件的合理性。工程还包括其他三个主要部分：车站下面跨越地铁线的一个地下停车场，它构成了车站的地下基础；一个两层的架空层，坐于基础之上并支撑起站台，它形成了容纳旅客到达和出发服务的两层空间；最后一个部分是通往原有车站下面的砖拱空间的通道，它的绝大部分都是公众所看不见的。

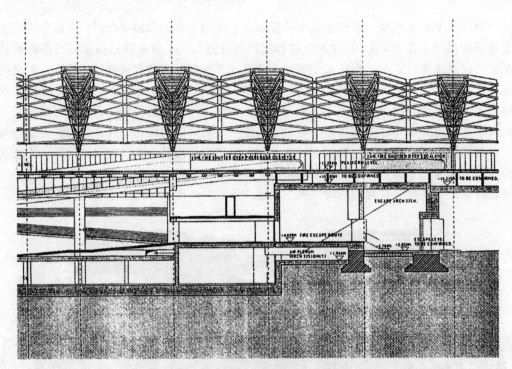

图 22.12   通过 22 站台的长剖面图

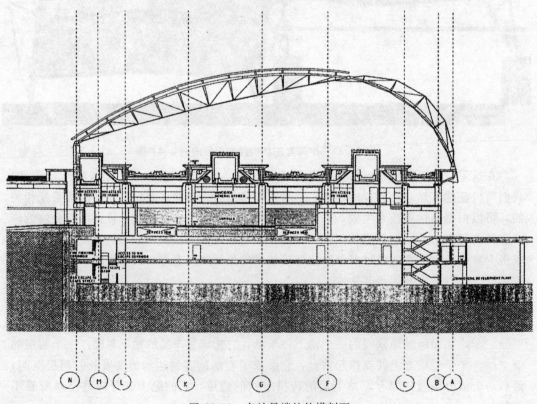

图 22.13   车站尽端处的横剖面

参数化表达

虽然完全参数化的 CAD 软件现在还没有被小型和中型的建筑设计部门采用，但是参数化物体的基本想法仍然以某些形式存在，有些甚至存在于桌面平台上。它们有些显得非常简单，例如某些曲线（如贝塞尔曲线）中使用的控制点（或手柄）。定义和重新定义几何关系的能力是参数化表达的本质。参数化表达有"约束"CAD 模型的效果。为了采用参数化设计策略，CAD 用户首先需要鉴别什么是常量、什么是变量。构建参数化模型在一开始也许会比较复杂，但是，一旦建立起来，随后对 CAD 模型的操作就变得非常简单，对参数化 CAD 模型的一系列修改往往只须进行一项操作，因为，随着这个改变在整个模型中向其他元素传播，它产生了一种"连锁反应"。

为了使参数化设计能够在设计方案中产生较好的效果，设计策略显得非常重要。回到第 2 章的主题，在从设计意图向建造的全面转变中，参数化设计可以扮演非常重要的角色。参数化设计对交互式的设计细化的支持能力可以被看作是对三个设计阶段中的第二阶段，即准备性研究阶段的重大贡献。在这一阶段，进行与几何形式密切相关的设计时，如果建筑设计者能够清晰知道他们所需要的灵活程度，那么他们就可以非常清楚地对参数化 CAD 模型所产生的一系列的设计输出加以利用。这样，需要用定义"近似形式"的方法来描述几何形式。设计策略应该是这样的一种策略，它使设计师可以预先计划并以参数化的形式清晰地表达这些计划，从而保持自己对设计选择的开放。本站站棚的参数化表达如图 22.14 和图 22.15 所示。

目前，参数化设计软件仍然非常昂贵，只能运行于强大的计算机环境。参数化设计软件还必须首先为机械工程师、土木工程师和工业设计师的需要而开发，这些领域采用的设计策略实际上非常趋向于构成化，并因而导致了参数化的表达方式，这种方法在多大程度上可以适用于建筑设计还留待以后继续讨论。

简而言之，参数化表达可以表现一批几何形式而不仅仅是一个形式，设计关系的参数化表达使我们可以对变化进行探究。参数化表达的不利之处在于设计师必须用与常规的 CAD 用户略微不同的方法进行思考。无论怎样，基于参数化表达的 CAD 仍然处于CAD 技术的前沿，参数化设计在建筑设计表达中还是相当新的形式，它在支持设计创作方面还很有潜力。它还是一条支持可以将 CAD 用于建模而不是绘图这一论点的进一步论据。

图 22.14　由参数化拱构成的车站站棚

图 22.15　车站站棚室内

第 23 章　CAD 功能的用户定义

从前一章的案例可以看到，超越了常规 CAD 建模技术的表达形式构成了这个项目的一个重要部分。随着 GUI 的发展，在 CAD 建模环境中使用参数化设计技术越来越切实可行。而本章的案例中包含了与常规 CAD 建模更为不同的东西，本章所示的所有 CAD 图像都是直接通过编程环境中的工作而生成的。如果要让设计师能够用计算机编程语言表达他们的意图，其计算机技能就要高于使用常规 CAD 建模系统所需要的水平。

【案例分析】　奥地利圣波尔滕节日大厅，克劳斯·卡达

图 23.1　大厅室内线框图

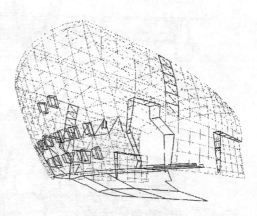

图 23.2　大厅模型

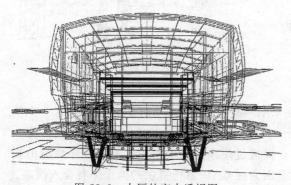

图 23.3　大厅的室内透视图

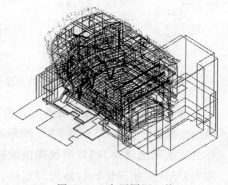

图 23.4　大厅周围环境

奥地利圣波尔滕（st. polten）新建的节日大厅（Festival Hall）（见图23.1～图23.4），是由克劳斯·卡达（Claus kada）设计的，它是一个很大的音乐厅，有两个侧台、一个后台以及栅顶，它还有一个排演舞台、一个芭蕾舞室和一个小室内厅（练习/录音室）。在最初的平面中，主厅被设计为一个不规则形体，放置于由交通和辅助面积形成的外围框架之中。随着设计的深化，逐步准确地建立了一些CAD模型，并对音乐厅的曲线形几何形体进行了计算机分析。这个分析过程的最终结果产生了一个三边自由站立的体积，与紧急疏散楼梯、走廊和辅助用房相脱离。它主要的形式要素是一个巨大的钢筋混凝土壳体，在两个方向上弯曲，它覆盖在背后照明的半透明玻璃下，显得很轻盈。由于它的几何形状非常复杂，而玻璃壳体只允许极小的误差，所以采用了直接由CAD软件控制的激光技术来测定子结构对玻璃板进行切割加工，玻璃板完全是平面的。玻璃板悬挂在锚固于屋檐边缘内的一个缆索网架上，网架在关键的位置点都用压杆支撑于混凝土墙体上。在混凝土和玻璃之间有一个空隙，用于设置狭窄的服务通道，并放置泛光照明使用的电池，泛光照明的光线被粉刷成白色的混凝土反射后滤过半透明的玻璃板向外射出，在建筑的表面产生了均衡的照明。

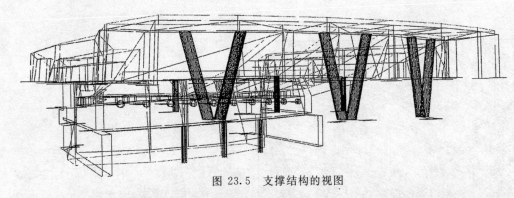

图 23.5　支撑结构的视图

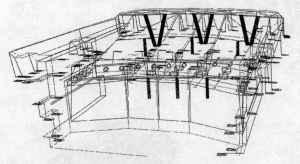

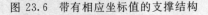

图 23.6　带有相应坐标值的支撑结构

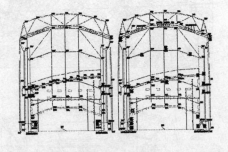

图 23.7　内部和外部的
混凝土部件的坐标

由于工程需要毫米级的精度，所以在CAD模型中，每一个可识别的点都有一个精确的坐标值，图23.5～图23.7所示是一个典型的输出形式。生成如此精确输出的唯一办法就是完全绕开CAD系统提供的操作，而通过用户定义的、用计算机程序编写的功能为CAD系统提供的物体进行定位，这是因为在CAD系统提供的操作中有舍入误差。

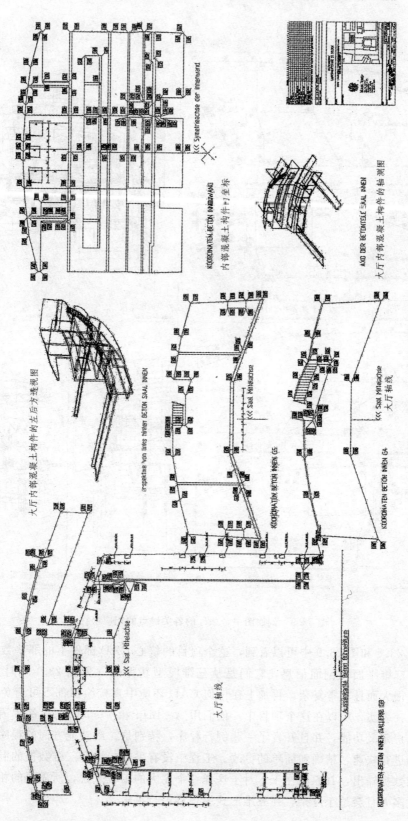

图 23.8　音乐厅内部混凝土构件的相应坐标

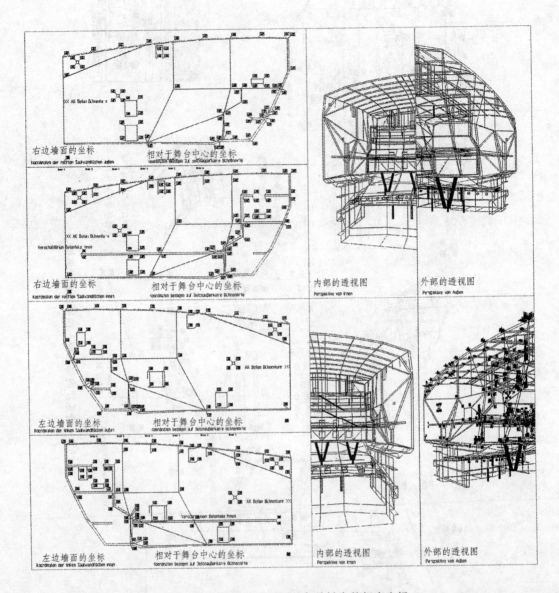

图 23.9   剖面图中音乐厅的各关键点的相应坐标

从图 23.8 和图 23.9 中可以看到，这个项目的核心 CAD 部件上的那些数据都是极其精确的二维平面和剖面信息，它们是从三维模型获得的（见图 23.10 和图 23.11）。由于项目很大而且非常复杂，再加上在任何 CAD 环境中直接绘图都不可避免地产生舍入误差这一事实，所以在这个项目中，他们用 A－Lisp 和 Visual Basic 编程语言编写了精确的用户定义功能，并且开发了一些例行程序，特别是二维功能方面的程序，以便对小型数据进行快速、精确和简单的更改。工程中没有采用二维和三维数据的混合输出或纯粹三维数据输出，其原因在于，对于这样一个庞大的工程来说，所需要的相应的数据量将会过多并且会过于复杂，在三维形式中很难进行编辑。

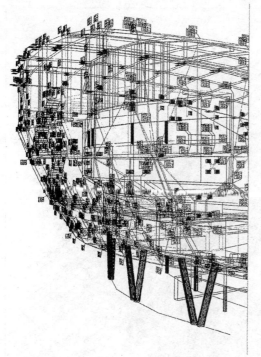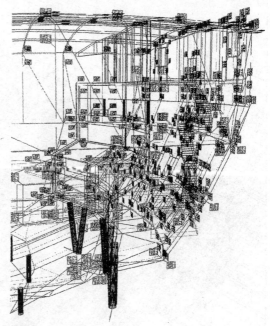

图 23.10　音乐厅的三维坐标信息

建立的纯三维模型只包括下列必要和复杂的部分：

- 整个大厅及所有装置的实体建模
- 有坡度的前厅层及装置
- 实体建模的大厅周围以及上面的所有的坡道和桥
- 整个前厅和大厅周围的玻璃
- 乐队使用的舞台装置
- 音乐厅顶棚
- 主楼梯及栏杆扶手
- 场地环境模型以及管理用房，包括节日大厅、图书馆和展览馆（后者用于展出提交的竞赛方案）

设计过程的关键之处在于形式和所选材料（即玻璃）的关系。主厅的多重弯曲的外部壳面直接产生于在卡达事务所进行的、对各种可能数据的评估，它协同现场，对玻璃板进行激光测量和定位。由于有意识地采用了精确的测量方法，因而也有效地支持了基于 CAD 的现场规划，其直接的结果是使一个自由形式的大厅实体的建模不同寻常地成为了可能。

为了对这个项目的自由形式的建模任务提供支持，编写程序以扩展常规的内建 CAD 操作显得很有必要，这样可以支持有效、精确和快速地对 CAD 模型空间进行造型的工作。这些用户定义的功能包括精确找出关键点的功能，例如可以找出交点、端点、中点等。而为了使设计师有能力开发和使用这些程序，有两个不可或缺的先决条件，一

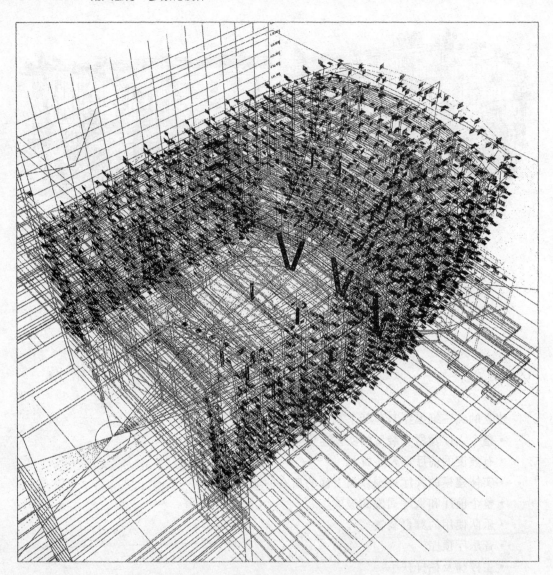

图 23.11　整个音乐厅的全部三维坐标信息

是分析几何方面的知识，二是对三维空间很好的想象力。

从图 23.5 可以看到，主观众厅的混凝土支撑结构体系是这样的：观众厅的主要体量坐落于 V 形支撑之上。因而坚固的混凝土构件被分为一些相应的多边形块面（见图 23.8 和图 23.9），并按照面层元素所要求的各种几何法则进行施工，从图 23.12 可以看到，这些面层主要都是一些规则的平面。

直接在编程环境中工作的主要优点在于编写的程序代码片断不依赖于原有领域的知识，这些知识在 CAD 环境中预设了一系列典型的允许误差值。像本案例一样通过使用功能性的编程语言，设计师可以有效地进行控制，保证程序代码所表达的与他们的设计意图相一致（见图 23.13 和图 23.14）。另外，逻辑语言或面向对象语言应该非常适用于此，因为它们都是高级语言，编程者可以不必为如何使高级的表达运行于低级的

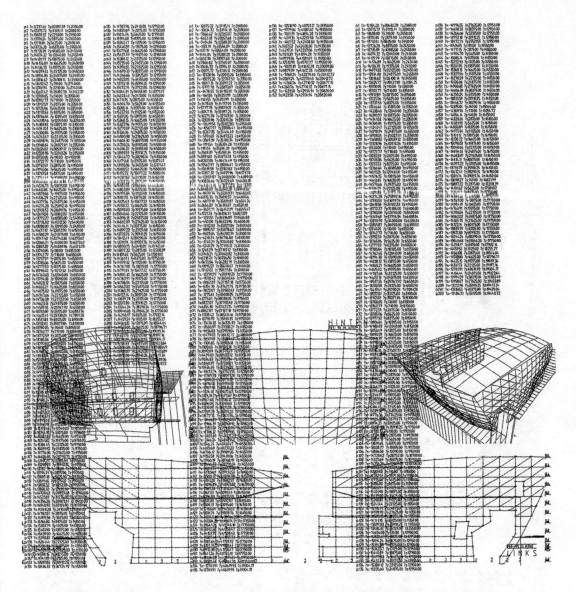

图 23.12　面层元素的三维坐标信息

机器操作而担心。所有这些编程框架都各有特别的思想背景，这些不在本书的讨论范围内，但无论如何，它们都可以让用户切实专注于对问题的描述而不用担心计算过程。

在这个案例中，我们研究了有关在建筑设计应用软件中使用 CAD 系统功能的各方面问题和原理。这个特殊的案例阐明了未来 CAD 环境发展的一种潜在的方向，它使设计师可以较少地依赖于 CAD 系统提供的功能，而按照设计领域的要求发展他们自己的描述功能的方式，在圣波尔滕音乐厅案例中，有一个非常特殊的需求，就是坐标位置必须精确到毫米，以便在现场使用激光引导的定位工具将玻璃面板准确放置（见图 23.15）。在项目进行的早期阶段就已确知，在随后的 CAD 应用中，处理如

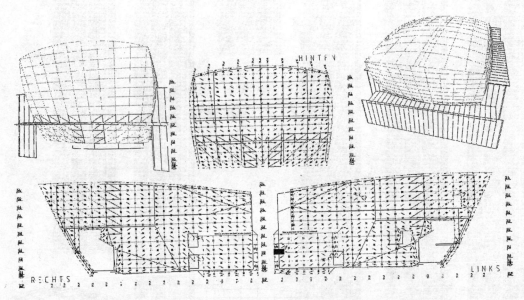

图 23.13 面层元素之间的相互连接

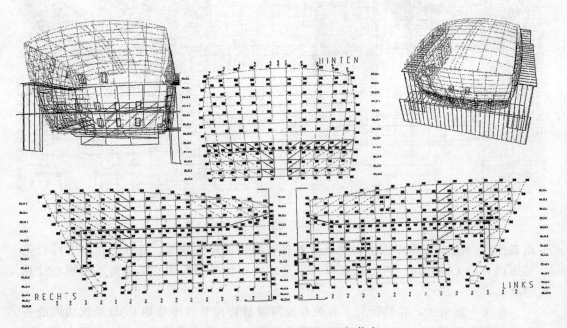

图 23.14 面层元素的剖面坐标信息

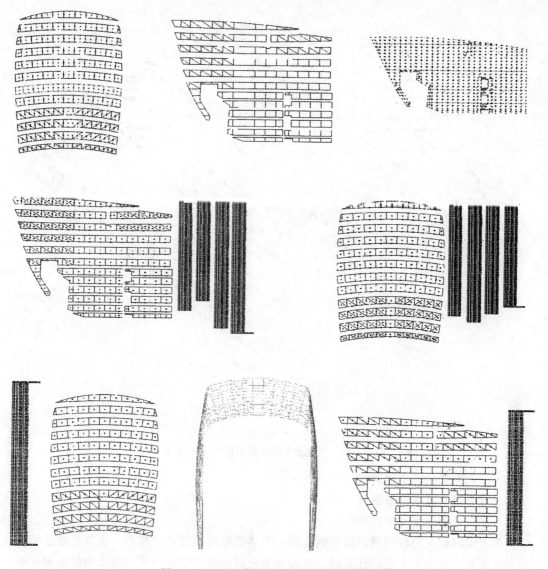

图 23.15　施工使用的线性排列的面层数据

寻找交点和寻找中点等几何问题的 CAD 系统功能将不可避免地产生舍入误差，对于这种项目而言，这是无法接受的。而通过直接在编程环境中进行工作，以彼得·绍梅尔为代表的设计师可以对这个工程所需的精度和误差进行完全的控制。

三维实体的位置是通过相对于台塔中轴的三维坐标而计算出来的，这种计算保证了量度的明确无误，并可以减少由于使用一系列相对距离而产生的错误。通过采用一个清楚的相对坐标零点以及一条地板上的空间轴线，在建设工地上确定支模点就相对容易了。另外，起支撑作用的大厅实体（混凝土壳体，见图 23.16）已经划分为自由形式的多边形块面，因而还需要编写程序对以下几个方面进行计算：

- 三个平面的交点
- 两个平面的交线

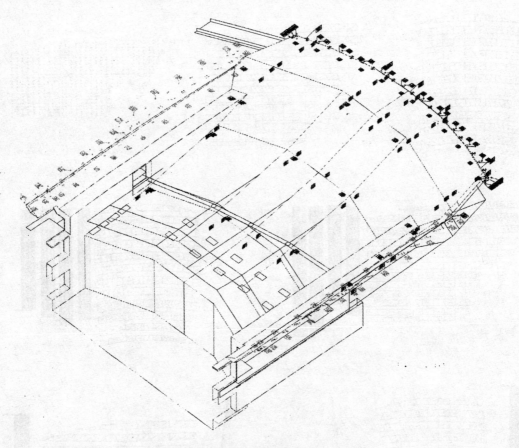

图 23.16　混凝土大厅地面的模板坐标数据

- 一个向量和一个平面的交点
- 与平面的三维偏移值
- 自动计算层交线的程序

为了给混凝土模板建模，需要确定每一个多边形模板的各个角点，这些是通过编写处理平面交点的程序来进行计算的。对表面十分复杂的大厅体积采用激光测量是没有必要的，因为在混凝土元素中，偏差已经预先计算，在对混凝土元素建模之后，它们又被重新计算一遍，这是因为需要精确的数据来控制误差极限。外部玻璃立面的安装采用了钢框架，钢框架支撑起一个与混凝土壳体之间有着各种距离的玻璃覆盖层。玻璃板的安装点放置在可调节的支杆之上，支杆通过钢缆固定。对于所有混凝土部分，承建者都没有超过允许误差，因而在玻璃外壳和混凝土壳之间不需要进行任何修改。大厅体积的面层采用的是一种安全玻璃，这些玻璃板都是预制加工的，它们被钻孔之后固定于点接驳装置上。点接驳装置的位置是用两道三维激光，通过空间坐标来进行调节的（见图 23.17～图 23.25）。

在圣波尔滕节日大厅项目中，为了能够处理对于建造来说至关重要的允许误差，必须采用用户定义的 CAD 功能。这些 CAD 功能可以保持这个项目的空间连贯性，因而对于这个特定的方案来说，构成了极强的设计规则。它们有效地替代了常见的 CAD 方

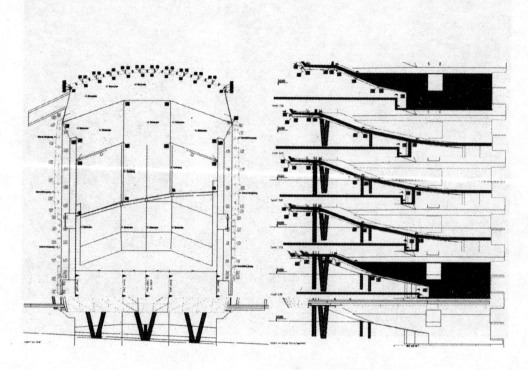

图 23.17　通过混凝土大厅地面的剖面

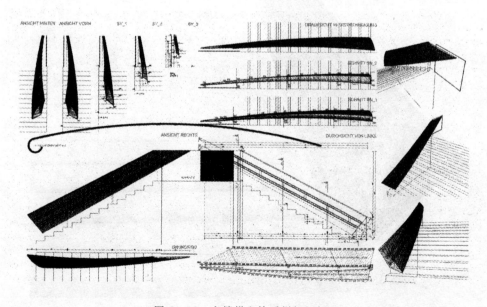

图 23.18　主楼梯和扶手栏杆细部

图 23.19 叠加了坐标值的休息厅三维模型

图 23.20 楼梯和扶手栏杆的三维模型

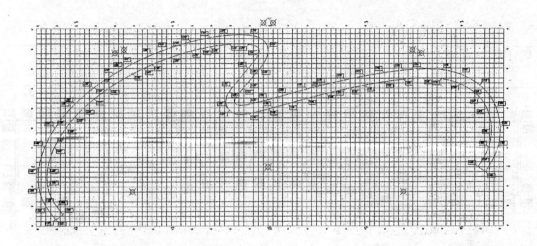

图 23.21　计算偏移和相交的程序的试验性输出，通过网格上的三维模型生成二维坐标信息

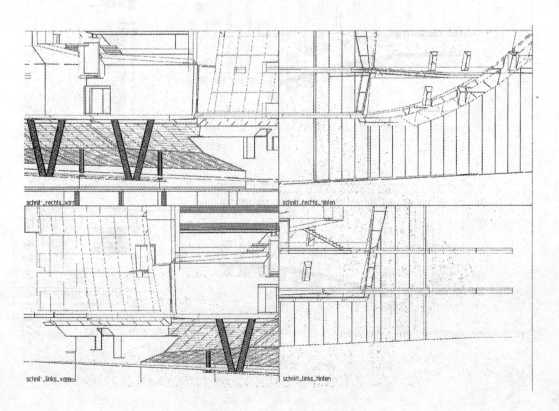

图 23.22　通过音乐厅的剖面

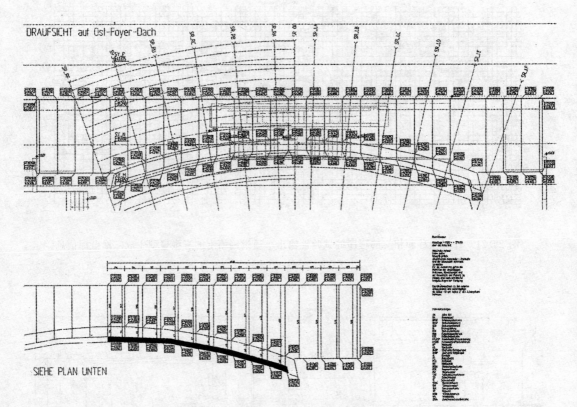

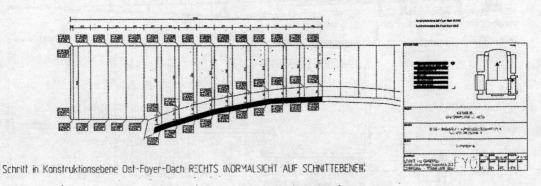

图 23.23 叠加了坐标值的东休息厅屋顶平面

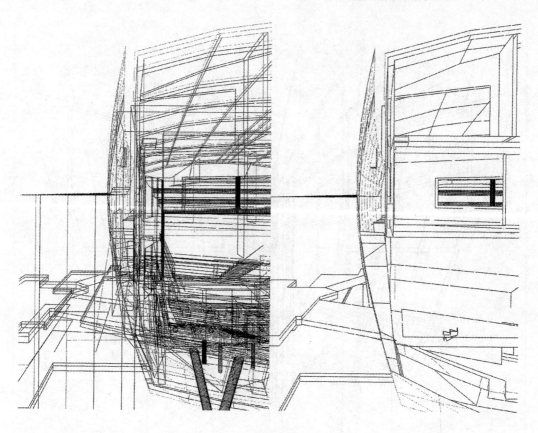

图 23.24 切开的线框和渲染模型

法，后者必须采用 CAD 系统内建的建模功能，才能在三维空间中确定哪里将会出现交点。当内建的 CAD 功能的允许误差还能适合于特定的方案细节时，这种依赖是没有问题的。大多数 CAD 系统都有（由 CAD 系统的编程人员）预先确定的导致舍入误差的公差值，在圣波尔滕音乐厅这样的复杂工程中，这些误差会在模型中激增并最终导致无法解决的问题。设计事务所之所以要采取这种特殊的生成坐标信息的方法，其直接原因就在于内建于大多数 CAD 系统中的"约定俗成"（prescriptiveness）。

约定俗成是指这样一种性质：某些信息，在这里指功能性的信息，被嵌于软件中，不能在以后由用户进行修改。在这个案例中，不能修改的信息是与在现场给元素定位所需的精确度和公差有关的，这些元素包括模板以及玻璃等实际的建筑元素。对于这个方案来说，允许用户在各种交点位置放置元素的内建的绘图功能的精度是不够的。因此，我们可以认为，约定俗成设定了作为 CAD 系统用户的设计师所能做的事情的范围。如果一个 CAD 系统是为了履行特定专业领域的任务而设计的，那么这个系统中的约定俗成所引起的问题似乎会更为严重。新一代的 CAD 软件应该致力于允许设计师在系统内构建自己的模型，生成的 CAD 表达可以与其他的设计专业人员进行交流，对表达的阐述和说明必须由 CAD 系统的使用者——设计师来负责，换句话说，新的发展必须致力于开发出这样的系统，它可以支持最大限度的表达自由和最少的解释责任。

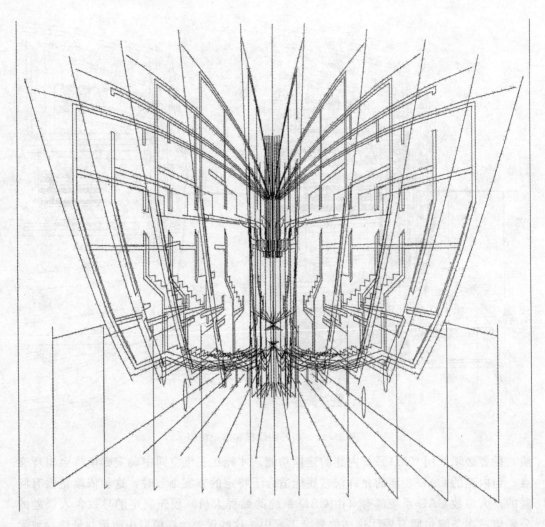

图 23.25   通过音乐厅的断面切片重组而成的三维图形

第24章　对通常项目模型的参照

在本章和下一章中，案例分析的焦点将转移到工程项目所包括的不同设计专业之间的关系以及各专业之间为分析性的目的而传达信息的方法等方面。

【案例分析】　米尔顿凯恩斯的雪之穹，福克纳布朗斯建筑师事务所

雪之穹（见图24.1）占据了米尔顿凯恩斯中心的一块重要基地，其建筑形式受到其内部的滑雪坡道的几何形式的影响，从外面看起来就像一个简单的圆柱体斜插入地。这样，弯曲的屋面形成了一个非常有戏剧性效果的设计方案。室内的滑雪坡道被封装在一个建筑综合体中，它的平面形状非常简单，只是圆柱体的一个斜向切面（见图24.2）。

这个工程的建筑构思是用一个简单易辨的几何形体为其内部的各种服务设施提供一个封装。这个封装的尺寸为240m长、145m宽，山墙立面最高点的高度为44m。建筑的形式来自于切断一个与水平面夹角为9.6°的圆柱体，建筑的横截面在高度和宽度上均逐渐减小。建筑内部的主要特色在于一个室内的、由真雪铺成的滑雪坡道，它起始于电影院的上层，在建筑物内以15°～8°的坡度范围向下坡向另一端的地面层。滑雪坡道被包围在一个保温隔热的盒子里，雪的温度在这里被保持在−6.5℃，以获得供滑雪用的雪面。坡道的宽度为40～60m，表面的雪可以被扫到坡道底部的一个雪槽中，然后换上新的雪。建筑物内部提供的其他设施还包括位于底层的一个购物中心和一些酒馆、餐厅以及其他休闲娱乐设施，在其上方的第二层，也提供了休闲娱乐设施以及一个16银幕

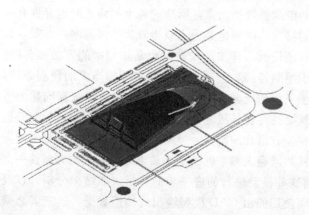

图24.1　雪之穹的三维CAD模型

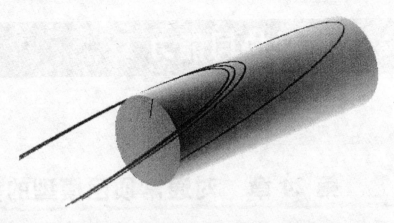

图 24.2　通过对圆柱体进行布尔减法生成的基本形式

的综合电影院。在建筑的另一端，还有其他的休闲及交流区域，以及健美室、有氧健身房、游泳池、咖啡厅、酒吧和更衣室等。

本章和下一章将开始讨论在设计早期阶段使用三维 CAD 模型的方法。就雪之穹这项工程而言，它使用了两个特定的模型。在轮廓设计即 RIBA 阶段 C，创建了一个基本的三维 CAD 模型，它被用来设定有关建筑形体的总体原则。这个模型还被用来检查外形的几何形状是否能满足其内部的滑雪坡道、电影院以及娱乐空间的要求。这样，三维模型就提供了一个有用的参考平台，可以用来检查最大的可用面积和体积。在 RIBA 阶段 C 的结束阶段以及 RIBA 阶段 D（方案设计）的初始阶段，他们发现，最初的模型此时已不够精确，因此又创建了一个新的、简化的三维 CAD 模型，来确定椭圆的确切的几何信息。以这个模型为基础，结构工程师又创建了他们自己的三维 CAD 模型，以进一步进行结构方面的设计。

从 RIBA 阶段 D 的中间阶段开始，工程师独立地发展了他们自己的计算机模型，没有与建筑师进行实际的三维 CAD 数据的交流。而且他们发现，在这一阶段，将三维 CAD 模型信息转化到二维的横断面和楼层平面的精确度不够。所以，又绘制了精确的楼层平面图和剖面图，以帮助进一步的设计工作，并对面积和体积进行检查。

通过对不同类型的一系列的结构分析结果进行比较，还绘制了标准化的剖面，各方面都能满足设计要求的、较为经济的剖面被选择出来，所选的各个剖面之间也允许有一些相似性。由于结构构件各有自身的特性，同时也是为了获得较为经济的解决方案，几乎结构的每一根梁和柱都要进行单独的设计。详细的构造图也是用相似的方法准备的。在设计阶段准备的三维结构模型对于绘制详细构造图来说也带来了相当大的便利条件，因为三维模型是预先建立的，相对于只用传统的 CAD 绘图来说，它对于细部问题的考虑要更早一些。巨大而又复杂的建筑物往往会导致复杂的建筑设计方案，而米尔顿凯恩斯的雪之穹给人印象深刻的特色却在于它形式的简洁。倾斜的圆柱体形式给内部空间带来了全然的自由，可以满足极其多样的承租人对空间的不同要求，而形式的完整性一点也没有受损。早期的 CAD 建模、对这些模型进行的进一步的分析（如结构分析）以及后来为了方便设计过程和减低造价而使用的由 CAD 模型输出的构造数据，这三者之间的关系将在随后案例中继续探讨。

第25章　实物模型和
计算机模型的关系

【案例分析】　　布里斯托尔港口表演艺术中心，贝尼施贝尼施及合伙人事务所

　　以 CAD 的角度看来，这个特殊的项目的意义主要在于贝尼施事务所所采用的对形式的设计过程。在此项目之前，这家事务所还没有真正地使用过 CAD 系统来进行设计，他们一直都在使用实物草稿模型，每个草模针对设计大纲的某些要求。这些模型都被保留了下来。在被邀请参加布里斯托尔（Bristol）的音乐厅的设计竞选时，贝尼施事务所几乎没有递交什么详细的材料，而只谈到了他们的设计途径、他们对于协作的态度、基地的品质以及他们做建筑的方法。作为竞选方式，他们还向这个可能的客户递交了几个方案设想的实物草模。令他们惊讶的是，这家事务所在 1996 年 3 月赢得了这个竞选。在此之后，他们一直进行设计前期工作，以此向艺术委员会申请彩票基金。1997年 9 月，艺术委员会拨发了 430 万英镑的彩票基金，详细的设计工作得以继续，工程也开始实施。经过一轮一轮的图纸、实物模型以及 CAD 模型，港口音乐厅发展成为一个具有戏剧性效果的形式。因为对主观众厅进行了详细的声学和视线分析，它显然也是一个可以实现的方案。虽然各有关方面对这个方案都非常满意，但是还需要 5800 万英镑

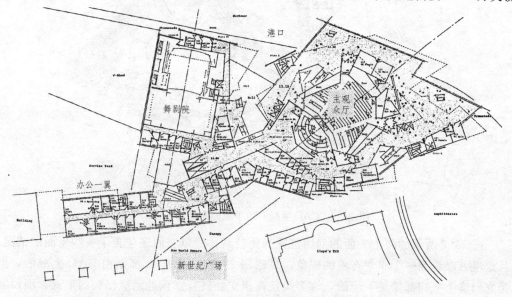

图 25.1　港口表演艺术中心方案舞台层的设计平面图（1998 年 4 月）

的彩票基金才能达到总数 8900 万英镑的造价，否则工程将无法继续下去。在建筑师进行了两年的工作之后，而且在其中的后一年，业主、布罗·哈波尔德结构工程师事务所（Buro Happold structural engineers）、马克斯·福德姆环境工程师事务所（Max Fordham environmetal engineers）、BBM·马勒声学工程师事务所（BBM Muller acoustical engineers）、进行视线分析的剧院工程咨询公司以及其他专业的工程师还进行了大量的工作，但是在 1998 年 7 月，艺术委员会却没有批准 5800 万英镑彩票基金的申请。

　　这项工程的基地位于老布里斯托尔港面向东南的一角，图 25.1 是后来绘制的图，它大致说明了最终方案的情况。方案平面围绕三条主轴线进行组织，从图 25.1 可以看出，两条轴线分别位于两个公共的观众厅：舞剧院和主观众厅。舞剧院位于基地的北端，与邻近的船坞建筑相接。第三条轴线在图上没有画出来，它位于基地西北端的办公一翼。

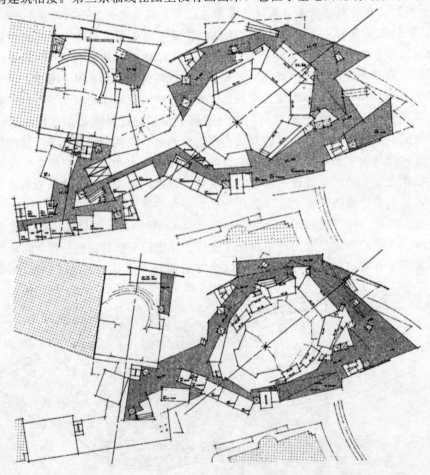

图 25.2　CAD 生成的仿手绘的高截面平面图

　　图 25.2 所示的两个平面的剖切位置都比较高，所以它们还包含了一些屋面的情况。从这里可以看到一个非常有趣的现象，虽然图 25.1 和图 25.2 都是由 CAD 生成的，但是它们看上去却都像是手绘的，许多线条在相交处被有意识地画成出头的形式，而没有在交点处结束。从 CAD 的角度看来，在交点处结束的画法是最方便的，因为在 CAD

中捕捉线条端点等各种特殊点是很通常的操作。然而，有意识地绘制出头的线条的动机是为了表达的需要，因为这些平面图将要被事务所的资深合伙人审阅，这些合伙人的计算机背景较少，对于他们来说，常规 CAD 图纸不变的精确性是非常可恶的，对于他们来说，看上去如同手工绘制的图纸看起来要更舒服一点。

贝尼施事务所非常尊崇情境建筑学的哲学思想，情境建筑学认为建筑设计方案产生并启发于特定的场所和需求。通过使设计能够相应它所面临的各种情况而得到逐步发展，贝尼施事务所发展了一套自己对于情境的理解。在一开始，他们采用实物模型，设计了一个与内部形式截然不同的外部形式，这个形式由折叠的屋面和墙板所构成，其中的一些模型显示于后面的几页中。在 1997 年 9 月，这个项目获得了艺术委员会的支持，这时，创建三维 CAD 模型的工作就立刻显得非常重要。首先，要创建原先用实物模型表现的方案模型，而且还要更详细地表达设计方案，并与基地环境结合起来。之后，CAD 模型还被用来进行两项对于主观众厅来说非常重要的分析，即视线分析和声学分析。后面也有这些分析模型的图片。

实物模型

图 25.3　没有屋顶的早期实物草模

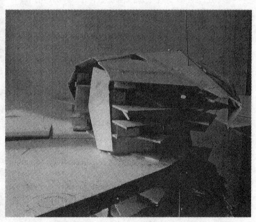

图 25.5　早期实物草模，立面形式

图 25.4　早期实物草模，屋顶形式

图 25.6　主观众厅的概略
方案的模型（1997 年 11 月）

图 25.7　舞台、合唱席以及演奏席的实物模型

贝尼施事务所创建了一整套粗略的实物模型（见图 25.3～图 25.5），通过逐步的分析深入，发展为更加精细的模型（见图 25.6～图 25.8）。需要建模的主要空间包括一个 2300 座的大型音乐厅，一个大约 500 座的小舞蹈厅、一个排练厅、公共休息厅和餐厅以及办公室和更衣间。虽然主观众厅决定了总体的形式，但是从建筑物通往港口的交通空间也同样具有支配性的特征。两个观众厅之间的休息厅空间被设计得尽量通透，光线可以透过大面积的斜玻璃顶照射进来。这个方案甚至还建议将观众厅的某些部分做成玻璃的，这与许多声学专家的建议相左。

在详细的设计工作逐步深入的时候，艺术委员会开始在财政和其他方面缩减对此项目的支持（财政上由开始的 5800 万英镑降至 3800 万英镑），他们质询像

图 25.8　观众厅的实物模型

图 25.9 早期的表现模型（1996 年 7 月），显示各个厅高踞于浮在水面的
海港之上，并显示不同于内部声学屋顶的折板屋面形式

图 25.10 后期的表现模型（1998 年 6 月），平缓的屋面被压低
到内部声学屋顶上方

布里斯托尔这样一座城市是否需要一个多达 2300 座的音乐厅，尽管他们自己曾在 1997 年 9 月对此表示过赞成。座位数随即减少到 1850，同时屋顶变得扁平，飞塔也被取消。从图 25.9 和图 25.10 所示的两个实物模型可以看出屋面的变化。

利用图 25.11 所示的模型，建筑师研究可以将座位间的反射墙的高度和长度减小到何种程度，以便把各部分座位更好地结合在一起，这样，不会有某些部分的观众感觉到自己和其他部分的观众被其间的反射墙隔离开来。

图 25.11　后期的实物模型（1998 年 5 月），显示复杂的音乐厅空间

CAD 模型

贝尼施事务所对 CAD 的主要应用（见图 25.11～图 25.18）开始于项目的 RIBA 阶段 C，正好是在他们获得艺术委员会支持的 1997 年 9 月前后。贝尼施事务所清楚地知道，如果不开始使用各种 CAD 技术，方案就不可能有任何进展；因为设计方案太大并且太过复杂，而结构系统和声学系统方面的问题都还没有解决。另外，当设计进行到这个阶段，也需要进行一些新的分析研究，包括音乐厅内部的视线分析、通风管道系统的定位，这些由马克斯·福德姆及合伙人事务所承担。通风管道系统的定位之所以重要，是因为为了将风噪控制在最低水平，同时尽量减小能量的输入，管道的断面尺寸在某些地方将达到 15m。对于贝尼施事务所，这的确是第一次确确实实地将 CAD 技术应用于一个设计方案上。通过对复杂的 CAD 模型进行简单而快速的修改就可以对不同的几何构成进行研究，对于这样的方法，他们感到非常满意。CAD 应用的这一方面对于视线分析和声学分析来说都是极端有益的，因为两者都需要对各种不同的几何构成进行评估。

图 25.12　包括观众厅和屋顶的主厅的 CAD 模型视图

图 25.13　CAD模型显示屋面的折板形状

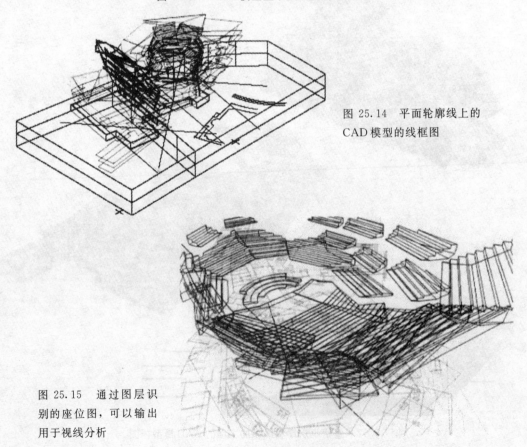

图 25.14　平面轮廓线上的
CAD模型的线框图

图 25.15　通过图层识
别的座位图，可以输出
用于视线分析

视线分析

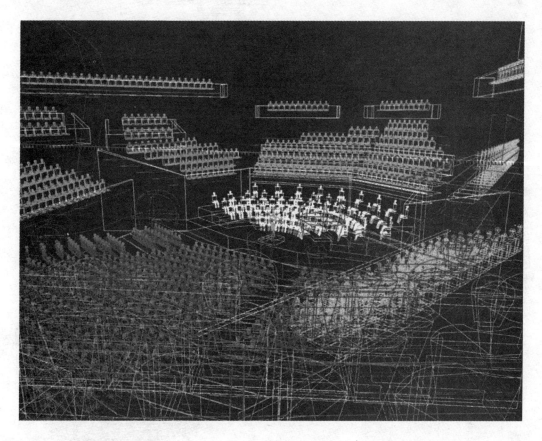

图 25.16　剧院工程咨询公司创建的视线分析 CAD 模型（1998 年 4 月）

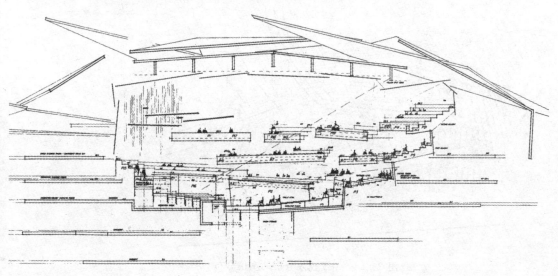

图 25.17　长剖面（1998 年 2 月）

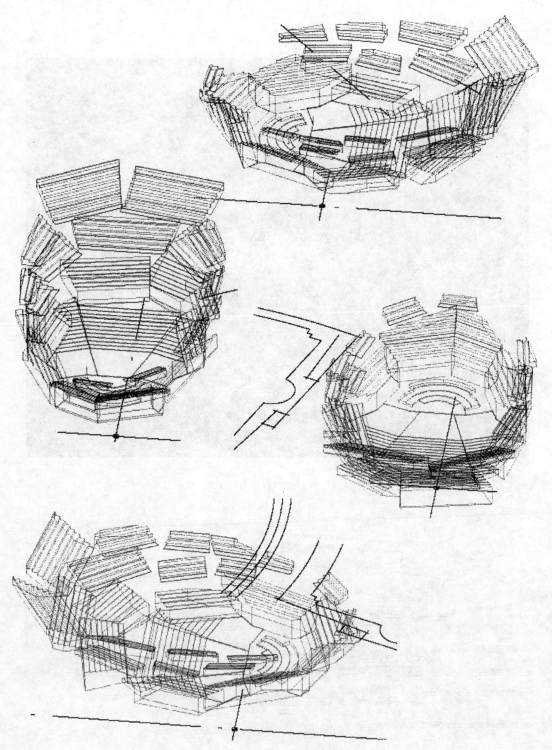

图 25.18   用于视线分析的座位分布 CAD 模型

声学分析

这座音乐厅的设计概念是以柏林爱乐音乐厅（Berlin Philharmonie）为基础的，它要求必须将观众席分为一系列不规则的座位平台，把这些平台的前沿作为声反射面。对音乐厅的声学分析是由 BBM·马勒公司的声学师进行的，他们中的一些人曾参与了沙龙（Scharoun）的柏林爱乐音乐厅的声学工作。在时间允许的前提下，希望对音乐厅中的每一个座位都进行声音反射和声音强度两方面的声学分析。分析的主要焦点在于舞台部分以及舞台周围的墙体产生的直接反射，还有最容易出问题的坐席前端的侧墙产生的直接反射（见图 25.19～图 25.22）。除了对这些墙体的长度和高度进行分析之外，还分析了它们的内倾角度，它们介于 5°～25°之间。后来还对每一个岛式座位平台进行了类似的分析，对于座位是应该与平台平行排列还是转向舞台也进行了考虑。在这里，CAD 模型的一个重要特性就是它们可以用相当直接的办法（例如使用图层）分成各个部分，各个部分都可以作为下一步分析的主要对象。

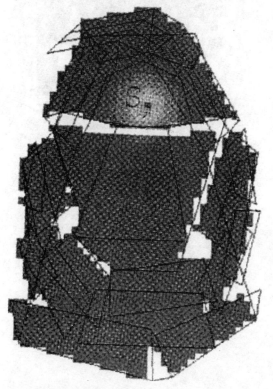
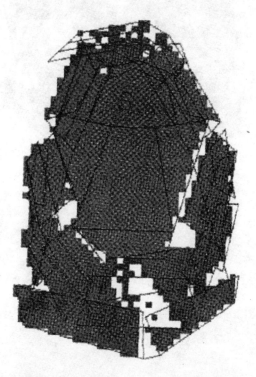

图 25.19　显示直达声的声图　　　　图 25.20　显示 5～50ms 的声反射的声图

声学分析的一个中心目标是鉴定声学措施是否可以让乐队成员能够最佳地听到自己的演奏，并且能够非常清晰地听到其他乐手的演奏。在乐队上方有一个特殊的可以调节高度的声反射装置，它为乐队的所有成员都提供了最佳的听觉效果。为了支持现代音乐表演所需的电扩声系统，还采取了一些措施，它们不仅在中频和高频部分充分减少了厅中原本较长的混响时间,并且在低频部分也减少了混响时间。

虽然这个设计完美地得到完成并完全地通过了各项分析,但是它一直没有被实现,这是一个悲剧。建成一个世界级的音乐厅、使一个半废弃的港口重获新生的机会就这样被错过了。

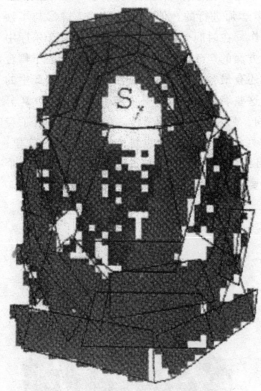 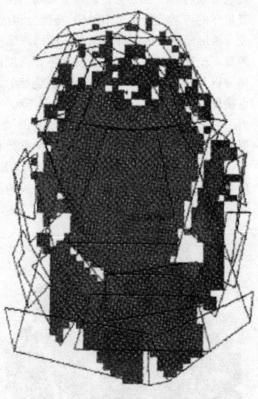

图 25.21　50～80ms 的声反射图　　　　　图 25.22　80～200ms 的声反射图

第 26 章 CAD 项目的跨学科特性

在设计项目中应用的 CAD 模型的特点是：生成的这些模型反映并促进了不同的项目参与者的兴趣。CAD 模型通过设计团队的不同成员的经验得到发展，并且需要将这些模型呈现给其他人员，其结果是不同的设计单位各自发展了自己的一套模型种类和建模技术。前面有几个案例已经显示，对 CAD 模型的一个主要的影响是其核心的分析策略，而其他的影响，例如在下面的这个研究案例中可以看到，源于把 CAD 信息传达给特定的最终用户的需要，这些用户包括客户、房屋潜在的使用者等等。

【案例分析 1】   德国柏林国会大厦，诺曼·福斯特及合伙人事务所

诺曼·福斯特及合伙人事务所（Sir Norman Foster & Partners）设计的国会大厦（Reichstag）方案特别注重各种节能措施，包括机械遮阳装置、自动控制窗、燃烧可再生油的发电站、太阳能板以及令人惊异的将地下湖作为热量存储装置的应用。所有这些分析性特色都做了很好的文档纪录，这个方案的另一个同样重要的方面与它展现给客户的 CAD 生成图像的风格有关。风格往往被看作是对待设计问题的特殊方法，它常常与特定的设计单位有关。它是一种把设计方案限定于一定的输出范围的方法，这种输出机制可以在设计过程中被用来解决发生于不同参与者之间的冲突。

图 26.1 显示的是 CAD 生成的福斯特的柏林国会大厦的主辩论厅方案的图像，这是福斯特及合伙人事务所在越来越多的项目中向客户展示的一种典型的 CAD 输出。在这张图中，没有采用渲染，而是采用了消除隐线的描述方法。这样表现的意图是为了传达基本的形式，不会因采用色彩、肌理和照明效果而引起注意力的分散。正是这种基本的 CAD 表现形式被福斯特认为是阐明空间形式实质的最合适的手段。因而，这种福斯特风格的表现方法力图避免了有可能发生在建筑师和客户之间的、因对 CAD 模型进行易引起争议的渲染而引起的冲突。通过将渲染保持在最小水平，建筑师和客户之间的对话可以保持开放和互动，任何进一步的建模都可以在一个参与性的过程中随时响应客户和使用者的关注和要求（见图 26.2 和图 26.3）。

拥有高水平技术能力的建筑设计单位，如福斯特及合伙人事务所等，同时也会在设计过程中扩展新的计算机技术的应用范围，在第 5 章中描述的 GLA 建筑的声学分析和第 7 章中描述的瑞士 Re 办公楼的 CFD 风流分析是两个实例，他们将目前还非常专业的分析技术应用到了实际工程之中。对于非专业人士来说，这些分析技术的输出结果往往是无法理解的，可以用视觉上易懂的方法将建筑物性能的信息和特定的分析标准联合在一起呈现出来，这样，在一个各方意见都可以很好地得到反映的互动的设计过程中，这些信息可以变得更加真切易懂。

图 26.1 CAD生成的国会大厦主辩论厅的室内视图

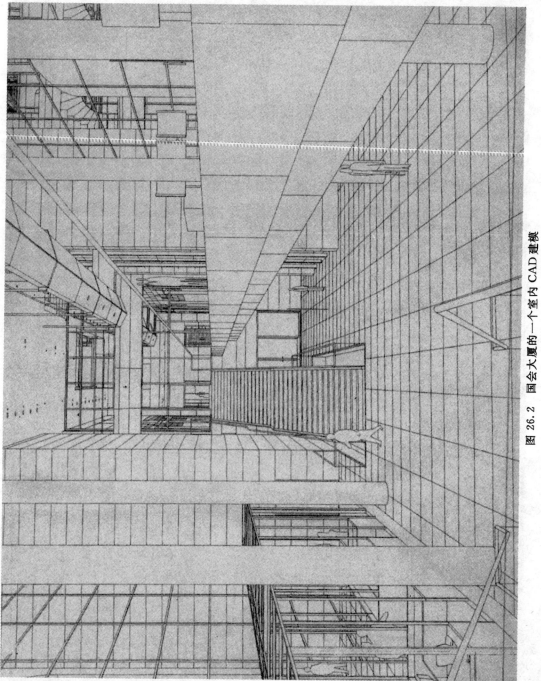

图 26.2　国会大厦的一个室内 CAD 建模

图 26.3 国会大厦的一个室内 CAD 建模

【**案例分析 2**】　米德尔顿植物园，诺曼·福斯特及合伙人事务所

　　威尔士（Wales）德韦达郡（Dyfed）的米德尔顿植物园（Middleton Botanic Garden）建造于 1997～1999 年。这个 5000m² 的方案是一个多学科参与的例子，通过对这个特殊基地的历史和潜力的综合理解，决定了这个特殊基地的未来。这个项目的范围广泛的顾问班子包括了安东尼·亨特联合公司的结构工程师、马克斯·福德姆及合伙人事务所的设备工程师以及科尔文和莫格里奇事务所（Colvin and Moggridge）的景观设计师。18 世纪的原有的米德尔顿大厅的许多原有的景观特色被恢复，其中包括五面湖水。

图 26.4　大玻璃房的一个早期设计的 CAD 模型，用于检验屋顶设计的视觉效果

　　米德尔顿植物园的建筑中心是大玻璃房（Great Glass House），这是一座 95m× 55m 的椭圆形穹隆，分为不同的温度区和湿度区，它融于景观之中（见图 26.4）。这个穹隆围合出了一个主要的体积，形成了一个展示地中海物种的理想的气候条件。穹隆是一个简单、连续的拱形形式，其结构很轻，它使光线投射最大化而使日常维护最小化。这座玻璃房在北面是实的，以抵御冬天的寒冷，它还有在夏天避免过热的大量的通风装置。在玻璃房周围是一系列密集布置的植物园。基地的北部用于科学和教育，是整个植物园的智力心脏，而南公园山（South Park Hill）将成为一个树园，在这里可以看到各座建筑和地标。景观设计是由科尔文和莫格里奇事务所负责的，需要处理山岗和山谷的自然特点，以及最重要的是水面。威廉·帕克斯顿爵士（Sir William Paxton）在 18 世纪后期所设计的原有公园框架以及林地、湖泊、水坝、叠水和独一无二的双墙园（double-walled garden）也都得到了复原。

多学科 CAD

建筑设计和景观设计之间的互动是众多学科的课题之一，它现在正越来越多地得到 CAD 环境的支持。目前，常见的问题仍然是，在景观设计中，当 CAD 应用于单个建筑物时，其应用水平类似于它在建筑学中的应用，这时，景观设计师所关心的问题是硬质景观，如道路、布行道和其他铺砌地面，还可能有一些面积被植被覆盖。这类细节一般都遵循建筑师确定的基地和建筑网格。而景观 CAD 与建筑 CAD 的不同之处在于它较大的尺度，常常需要根据基地勘测数据或军队陆地测量数据来创建地形的数码模型。与理景相关的 CAD 操作如剪切和填充可以用于评估和考察各种理景的可能性。在景观设计中，虽然自由形式的草图的重要性和在建筑设计中一样，但是精确的放样细节才是更重要的 CAD 绘图方法。现有基地和城市的虚拟环境同样可以从 CAD 模型来构建，它们形成了将景观设计项目和建筑设计项目溶入环境的起始点。在这里，建筑师和景观设计师之间互动的关键是两者能否在设计过程中应用快速反应的方法相互演示设计概念和原理，这种快速反应方法可以使设计师进行控制设计并快速反馈。

在景观设计中，CAD 的一个越来越重要的方面是将 GIS 应用于构建有关区域信息的数据库，并且从设计起始就可以使用这些数据库。这些信息包括社会、经济和环境/物理等各个方面。GIS 系统使设计师可以对基地及其环境的认识更加全面，GIS 和人口普查数据结合在一起还使设计师可以对土地的使用状况以及建筑物的类型和规模形成一个强烈的视觉理解，在这个整个设计过程中均可获得的视觉环境中，可以随时置入设计方案。通过互联网，GIS 和人口普查数据现已越来越容易地被远处的用户获得，有越来越多的数据可以以数字化的形式得到。

另一个正在扩展的有可能对多学科 CAD 提供支持的领域是面向对象技术的应用，它可以促进设计方案在一体化的环境中连续地得到发展。在面向对象的环境中，可以针对不同的设计专业来表达相似的物体（例如，"铺地"可以是一种带有很少细部的建筑物体，而当它作为一种景观物体时，就有相应的细部，例如检修孔位置以及材料属性等）。一个建筑物体可以通过"继承"（即一个物体从另一个物体那里继承属性）的方法从一个景观物体获得，反之亦然，这样，可以重复利用物体的描述而不必一切从零开始。物体之间还可以互相发送"消息"来传递信息（例如，一位建筑师可以请另一位景观设计师为他创建一个描绘精细的铺地物体）。

这样，在建筑设计中，面向对象的 CAD 环境使我们可以将常规的建模技术和能量计算、照明模拟等分析性评估结合起来，这曾经是 20 世纪 70 年代建筑师和景观设计师的梦想，当时的计算机能力限制了这些想法的实现，而取而代之的是，当时的商业趋势转向了针对特定领域的孤立的专业性设计工具的开发。在最近的计算机技术革新之前，连建筑和景观这两个有着紧密关系的专业都被隔绝于各不相同的符号表现方法以及相应的计算机应用程序，这些都是毫无必要的，这已导致了曾经相互紧密关联的专业之间的不自然的分离。

面向对象和互联网

当今使用基于计算机的技术的设计师们有更高的要求，他们接受过更好的 CAD 教育，对 CAD 往往有更高的希望值，包括将 CAD 与互联网以及基于网络的技术融为一体的雄心。

面向对象的技术同样也可以用来支持协作设计工作，不同的模型可以由不同的用户分别修改，并且可以使用不同的应用软件。CAD 系统现在越来越基于对象了，随着 JAVA 语言等方面的发展，基于网络的软件的开发似乎也同样地转向了类似的方向。JAVA 语言提供了演示概念和原则的能力，并提供了快速反馈和用户控制的能力［庞和埃德蒙兹（Pang and Edmonds），1997 年；麦吉尔和奥彭肖（Macgill and Openshaw），1997 年］。面向对象的图形应用软件非常适于支持复杂的、多用户的设计项目。"如何"再生设计图纸是这些软件的核心思想，它可以使团队项目获得更高效的工作方式。面向对象的软件不依赖于具体的设备，使文件和数据的可传输性和交流性得到了加强。

在最近的一些 CAD 系统开发的趋势中，有一种将 GIS 与设备管理软件联为一体的努力，这类开发的内容包括在图形信息和非图形信息（即文字和数字）之间建立联系。对这种一体化提供支持的面向对象的环境正越来越多地得到使用。

在面向对象应用软件进入 CAD 领域之前，设计的图形部分和非图形部分一直被当作相互分离且互不兼容的两个部分来对待，它们通过各不相同的软件环境进行表达。辅助建筑设计的计算机系统应该能为设计方案的可视化提供支持，让所有的参与者在设计全过程中都可以看到和触及到。

新型的 CAD 软件的开发将导致建筑设计单位改变他们的工作方法，当他们把 CAD 应用于实际的项目中时将会重新定义 CAD 系统的应用范围，在这些项目中，立竿见影的效果将不可避免地在以下方面产生受益：

- CAD 生成的相同信息可以用来支持与设计专业相关的各种设计过程，这样就在各类设计专业人员之间提供了信息的交流。
- 通过后续项目组对信息的"增量精炼"，设计项目可以得到发展和深化，这样就增进了设计团队的不同成员之间的协作。
- 设计信息可以只生成一次，任何人在项目的任何时间都可以获得，这样就导致了更加一体化的设计环境，无需对信息进行复制。
- 相同的信息可以应用于设计项目的不同阶段，如前期、设计与存档、发包、采购、委托、计划以及设备管理等。这将增进不同部门之间如生产厂家和开发商之间的相互合作。
- 在图形环境中采用面向对象技术将改善设计方案的多重设计视点的表达效果和可视化效果。

国际标准

CAD 系统之间常规的数据传输常常使用 ASCII 文本数据交换格式。数据交换格式是必需的，因为不同的 CAD 系统用不同的方式存储信息。三种最常见的数据交换标准是初始化图形交换规范（Initial Graphic Exchange Specification，简称 IGES），图形交换格式（Drawing Interchange Format，简称 DXF），产品数据交换标准（Standard for the Exchange of Product data，简称 STEP）。DXF 主要用于图形数据的交换，所以它在大多数 CAD 系统中都很常见。STEP 是一种用于存储与产品的整个周期有关的数据的标准数据格式，这个周期包括设计、分析、生产、质检、测试和维护，它还可以存储产品的定义数据。在 CAD 系统中使用标准数据交换格式存在着一些相应的问题。

- 传输的数据常常只是最小的通用子集，往往仅包括图形部分，最糟糕的情况是可能只有点和线。较复杂的格式可以提供一些图形属性，如色彩、线型以及图层等。
- 相关的属性信息（例如，一个窗户属于某一面墙）或者相关的方法信息（例如，如何在一片浇筑好的墙上建造一扇窗）都失去了。
- 支持交换格式的驱动程序必须要写许多遍，以适应各种各样的系统和格式。
- 驱动程序的编写和维护费时费力，因为文件中以及 CAD 系统中的物体必须相互对应起来。这些物体的结构会随时间而改变以容纳新增的内容。较新版本的 CAD 系统创建的 DXF 文件就无法被使用较旧的 DXF 格式的旧版本的 CAD 系统读取。

数据交换格式如 IGES 以及稍后出现的 STEP 非常注重解决这些方面的问题，它们克服了专有格式的限定，促进一种标准的、应该也是全面的格式，以支持广泛的建模结构。IGES 是由机械工程系统的需求促动的，在建筑设计中，机械工程系统的模型（实体模型和分析曲面模型）没有被充分利用。而且，CAD 系统的开发者发现，对 IGES 和 DXF 这类格式的全部内容的转换提供支持是很困难或是很昂贵的。一般来说，它们只能涵盖部分内容，这就减少了这些格式的用途。复杂的物体如标注线和文字都非常容易在传输过程中被损坏或丢失。

信息，不管是图形信息或是非图形信息，应该可以被一些应用软件共享，这是必须的。在一些系统中，与设计物体相关的信息还包括"行为"，例如绘制、处理和测量元素的方法以及一些静态的属性如位置、构造和风格等。在用标准交换格式向其他系统转换时，这种行为数据会被丢失。

面向对象技术也许可以为这些问题提供解决方法，因为物体可以定义数据的界面行为，就是说，它们可以定义如何使用这些数据。这将会导致产生可能更为强大的、新的交换格式，因为它们将会是可用户化的而不是固定不变的。物体不仅可以在应用软件之间共享，而且还可以跨越分布式的计算环境进行共享，例如跨越互联网。

从多学科设计到一体化 CAD

在当今的建筑实践中有一个日益显现的现象，那就是设计过程更加多学科化，其中，计算机技术扮演着主要的角色。这种发展的结果是将建筑设计人员、建筑公司、建筑业主、建筑的最终用户（居住或使用者）以及 CAD 软件开发者带到了一起，以更加一体化的方式共同工作。

建筑设计人员

建筑设计人员越来越多地使用和开发前沿的 CAD 软件，长远看来，这种软件的成功开发将导致建筑师和工程师之间的协同工作可以有更高的效率。

设备和结构工程师

在英国，最初的关于维护的决定是参照 RIBA 关于建筑物维护的导则制定的，对这个过程的基于计算机的更加一体化的方法将可能把设计过程的这一部分和其他基于计算机的部分融合起来。在设计早期阶段，结构工程师需要对同样跨度的各种不同的建造方法进行比较性评估，这对造价具有非常重大的影响。

建筑公司

对于建筑公司来说，更加一体化的 CAD 环境的一个优点就是基地布局和组织以及建造方法都成了设计方案表达的重要部分。建设公司需要能够根据场地状况以及所需的开挖和填土操作对计划安排和设备安排进行评估，这些计算结果对造价也会有很大影响。

建筑业主

建筑的业主需要能够对他们的建筑物进行评估，对建筑的损坏进行分析，评定建筑是否值得新建，另一方面，他们要对是否改现有空间或重新新建进行比较。快速的比较性分析是必要的，对各种方案进行比较在财政方面具有很大影响。

使用者

可以向使用者提供有关建筑维修方面知识的在线指南，包括建筑构件寿命的信息以及在何种情况下需要修理。在这方面，有一本精彩的参考书，是斯图尔特·布兰德（Stewart Brand）的《建筑如何知道：在建成后发生了什么》（How Buildings Learn：what happens after they're built）（布兰德，1994 年）。

软件开发者

CAD 软件开发者的获益是他们从最终用户那里获得了具有价值的反馈信息，这些最终用户就是那些已经使用了一系列基于计算机的设计系统的建筑师和工程师，他们自然也是对新系统进行评估的最佳人选。

第 27 章和第 28 章中的案例将展示一体化的 CAD 是如何被前沿的建筑设计单位和结构设计单位在大型项目中采用的。

第 27 章 CAD 和建造的一体化

【案例分析】 关西国际机场候机楼，兰佐·皮亚诺

令人注目的日本关西国际机场候机楼是一个大型的钢加玻璃的结构，它有一个独具特色的骨架，建成于 1994 年。它由著名的意大利建筑师兰佐·皮亚诺（Renzo Piano）设计，后期由 Arup 联合公司的彼得·赖斯（Peter Rice）提供咨询服务。皮亚诺对所有的结构细节以及在随后的设计过程中对它们进行的所有更改都非常关注。Arup 为整个建筑绘制了钢结构图，直至投标阶段。投标之后，由日建设计株式会社（Nikken Sekkei）接手这项工作。新机场坐落于大阪海湾（Osaka Bay）的一个有严重的沉陷问题的人工岛上，业主是关西机场指挥部，与之签约的是一个由四个成员组成的合作设计公司，他们分别是皮亚诺建筑工作组、日本机场咨询公司、巴黎机场公司和日建设计株式会社，后者是日本的执行建筑师及工程师。Arup 公司是皮亚诺的转包人，博尔顿的沃森工程公司（Watson Engineering of Bolton）赢得了招标，他们负责建造由 3900t 钢材构成的结构，而日本的主要建筑商一开始都认为这个工程是无法建造的。

T 形的平面由一个巨大的矩形主候机楼组成，旅客通过它可以进入一个 1.6km 长的边楼，后者被称作"翼"，飞机在这里停靠。水波形状的屋顶几乎全部由钢架建造，它与半椭圆形的翼部相连，翼由曲线的肋和斜撑构成框架，逐渐向尽端倾斜。从 CAD 角度看来，其最重要的几何形式是一个圆环（见图 27.1），它像是一个巨大的内胎的顶部，它的半径为 16.8km，圆心的位置没有直接落在建筑下方。

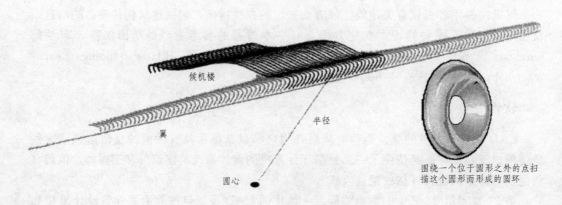

图 27.1 关西机场的几何形状

　　每根肋的半椭圆形都含有 5 个不同的圆弧半径，这些肋本身又处于半径为 16.8km 的圆的径向上，这样，中央的肋是垂直的，而其余的则逐渐倾斜，从中心向尽端每跨递增 0.02°（见图 27.2）。尽管如此，底层以上的所有构造都是严格标准化的，只有建筑的底部的连接和楼板是特殊元素。从建筑的中部向建筑的尽端，肋的形状由一个标准形被逐渐地切短（见图 27.3～图 27.6）。

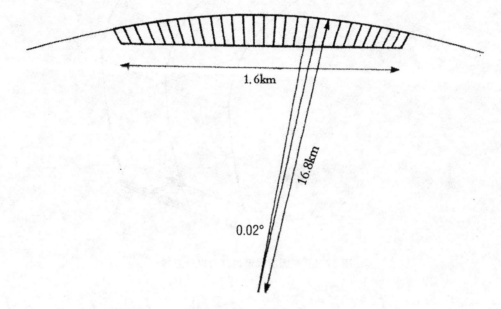

图 27.2　通过翼的剖面，显示渐次倾斜的肋元素

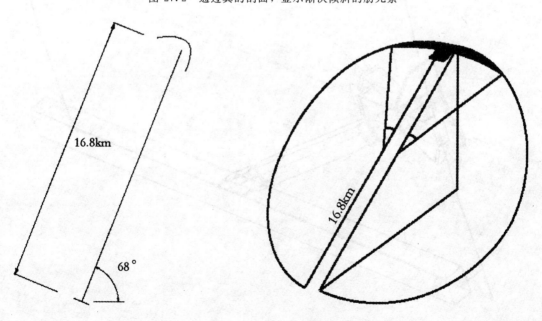

图 27.3　翼的几何形状

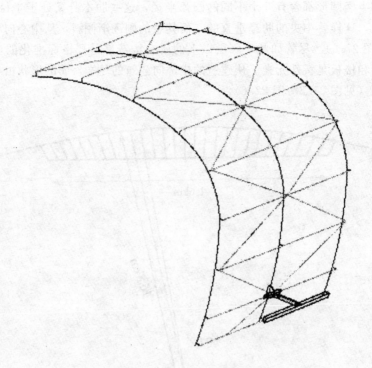

图 27.4 椭圆曲线形的翼肋以及斜撑

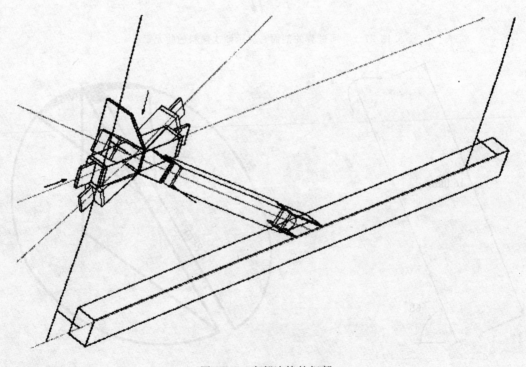

图 27.5 底部连接的细部

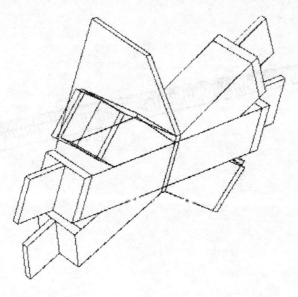

图 27.6　底部连接交叉点

除了几何形式，本案例还对建造阶段的 CAD 使用、CAD 与建造的一体化，特别是 CAD/CAM 方面特别感兴趣。在三个承包商中，新日本制铁株式会社（Nippon Steel）和川崎重工（Kawasaki Heavy Industries）分别建造了主候机楼的一半，而沃森工程公司负责建造翼，后者是整个建筑最为复杂的部分。Arup 用日语绘制了 90 张招标图纸。传输信息的一种常见做法是通过计算机磁盘上的通用数据交换格式进行传输。沃森公司对设计进行了细化直到细部形状，他们准备了 CAD 施工图，并由日建设计株式会社检查，然后，用磁带或通过直接从 CAD 系统下载的方法将信息传到车间里的机器那里。对于车间里的机器来说，这些信息大多数都是普通的操作，如锯成某个长度、打孔或裁剪平面等等。最后，为了切面的精确，采用了一个磨床，它可以处理大到 4.8m×1.8m 的面。焊接是在博德车载吊臂焊接机床上进行的，它可以对 36m×4m×5m 的大型机件进行准确的焊接。两个多头的计算机数控热切割机可以将大到 31m×3m 的平板切成任何形状。一台 Welca Vari-piper 管子靠模机和一台模拟控制切割机被用来把直径大到 1.2m 的任何管子的端头加工成精确的形状，以使它们可以相互斜接。日本客户坚持要求弯曲的管子保持圆形，不顾弯曲过程通常会引起横断面上轻微的变形。这项工作由拥有感应弯曲设备的转包商完成，这种机器只对极短的一段进行电加热，长度大约在 40~50mm，毗邻的部分还仍然是冷的，可以保持圆形。许许多多的小弯曲产生了平滑的曲线，每一个曲线形的肋都是由许多段组成，并在一个大型的夹具上装配成形（见图 27.7~图 27.9）。

在建造关西机场工程时，沃森工程公司在博尔顿雇佣了大约 400 人，其中 250 人进行施工，50 人进行现场管理，其他 100 人在办公室工作，他们之中包括许多设计工程师。他们办公室工作的一个重要特点在于他们拥有一个很大的计划组，精通于复杂的工程及施工难题。虽然他们一年之中可以处理 4 万 t 钢材，但是焦点并不在于高产，取而代之的是，他们更关注于复杂的工程，关注于质量、技术和高附加值，它是第一个通过 BS5750 认证的英国建造商。

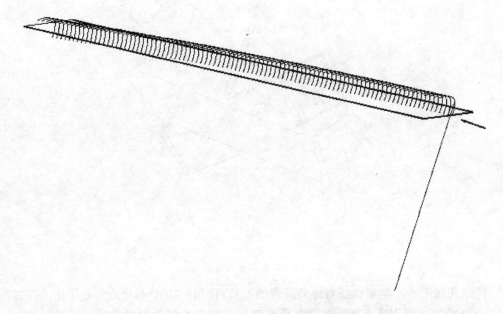

图 27.7 CAD草模显示翼肋的伸展

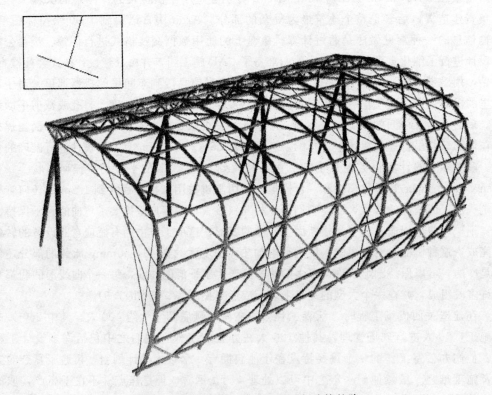

图 27.8 CAD精细模型显示互相连接的肋

　　现在，设计和生产的一体化正通过计算机化的生产计划技术得到发展，其目标是能够选择生产部件所需要的机器、决定这些机器的操作顺序、预计组装和生产所需的时间、安排生产计划、编排工艺和原材料需求。为了更好地移动切割工具和被切部分，甚至在切割过程中需要更换工具，而 CNC 机器加工工具正向着更高的自由度方向发展。

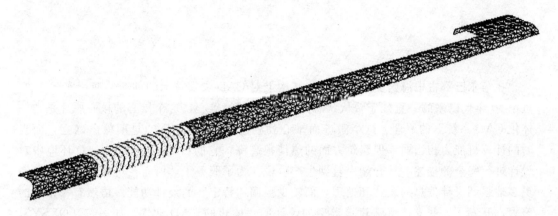

图 27.9　连接候机楼的一条翼的 CAD 模型

第 28 章 一体化 CAD

在毕尔巴鄂古根海姆美术馆这样的结构上对 CAD 尖端技术的创造性使用实现了 20 世纪 70 年代以来的一直处于蛰伏状态的 CAD 领域的雄心，这个雄心的核心原理是"一体化 CAD 系统"的原理。这个激进而雄心勃勃的概念在 CAD 的早期就已确立，而当时的计算机能力相当弱，但建筑方面的热情很高涨，它的目标是能够在 CAD 环境中对设计进行完全的描述，从开端一直到生产阶段。为了服务于"所有"可能的功能，它们更多地强调设计信息的表达和处理，而较少强调"特定"的设计功能。虽然有一系列的努力，开发了一些支持特殊建筑类型的设计的一体化的 CAD 软件，如医院［OXSYS，牛津地区卫生局使用（Oxford Reginal Health Authority）］和住宅［SSHA，苏格兰专门住宅联合会（Scottish Special Housing Associate）］，但是，它们都不得不作出痛苦的努力以适应当时软件的使用者，没有别的办法［比伊尔、斯通（Stone）、罗森塔尔（Rosenthal），1979 年］。一直以来，用户必须习惯于使用这样的系统，他们对如何理解建筑直到细部都已做了预先精确的限定。这种系统的特点可以归纳为"约定俗成"（比伊尔，1989 年）。

【案例分析】　毕尔巴鄂，古根海姆美术馆，弗兰克·盖里联合公司

在古根海姆美术馆（见图 28.1）项目中使用了 CAD 环境，它不仅被用来支持表面和体积的建模，而且还与一个三维数字化设备（一个 Faro arm 机械臂）进行交互，使盖里事务所可以将实物模型和 CAD 模型融合使用，而且，由于这个 CAD 软件原先是为飞机设计而开发的，它还可以对复杂的曲线形表面的曲度和压力进行分析。最后，一种内建的功能可以定义机床可以使用的切割路径，这样就可以进行实物模型的计算机切割，以便检验某些形式的精确程度。它还可以对即将置入现场的实际元素进行切割。盖里结合新的建造技术对 CNC 系统的使用表明，他的事务所已有效地对可以建造的范围进行了重新定义，而不仅仅依赖于在 CAD 环境中预设的已知方法。

就古根海姆美术馆的几何形式（见图 28.2）而言，直线、矩形体块这些传统上与 CAD 表现相关的形式被复杂的曲线和流动的有机形式所代

图 28.1　古根海姆美术馆的 CAD 模型

图 28.2　古根海姆美术馆的参数化 CAD 模型，它由数字化
实物模型创建，并生成 CNC 输出

替，就像是盖里自己的草图被直接转到了 CAD 环境之中。

　　由于它的表面都可以用"参数化多项式方程式"来表示，所以用单一系列的方程式来表示各种面板就相当简单了。由于古根海姆美术馆的外形是核心重点，所以 CAD 模型也是由外而内创建的。

　　最初，盖里拒绝在他的设计过程中使用计算机［范布吕根（Van Bruggen），1999年］，他对 CAD 的看法和对 CAD 通常的理解是一样的，认为从某种程度上讲，CAD 将建筑形式局限于对称、镜像图形以及简单的欧几里得图形。盖里事务所希望能够对动态形体进行可视化，这样，可以从草图中随即获得雕塑化的三维形式，然后可以放大为大型物体。这个事务所发展出了一套过程，先将实物模型数字化，然后对计算机模型进行处理，然后再回到由铣削物体构成的实物模型。

　　基于对这些雕塑化形式的施工的考虑，布局过程被加快，而且，由于可以将雕塑化形状输入到计算机，就产生了一种更加省时、更加经济的建筑方法，它可以影响钢框架结构体系，或者让设计者知道如何可以使面板在墙面上吻合。这种新的过程可以在高技术（例如数控机床）的建造中采用，而用传统的工艺也同样可以做得很好，后者的应用可以在布拉格荷兰国民人寿保险公司（Nationale Nederlanden）办公楼中看到，在这座办公楼中，采用了许多 1∶1 的样板来进行外形设计。

　　为了对模型表面上的点进行数字化，创建了一个大比例的实物模型（见图 28.3），然后，他们在 CAD 环境中创建了各个表面，并且确定了控制面以及定位点。结构区则通过对控制面进行平移来确定。在结构区内，结构工程师（SOM）设计了采用模数化分块和最少支撑的斜撑框架这一结构概念［勒屈耶（Le Cuyer），1997 年］。这个框架由 3m 网格上的一系列宽边区域构成。除了船廊和塔楼部分，其他所有的部分都是平直的块面。所有的结构部分都被结构工程师设置了 300mm 的公差，留给盖里事务所进行最终的定位。在钢框架和控制面之间，采用了两层次级结构，垂直方向上间距 3m 的水平阶梯设定了水平方向上的弯曲，它们通过一种可以在各个方向上精确调节的通用结点与主结构相连，次级结构的最里层和最外层形成了垂直方向的曲线，它由垂直的钢钉构成，这些钢钉向一个或多个方向弯曲。复杂的几何形体、相交处的节点、各层构造的交

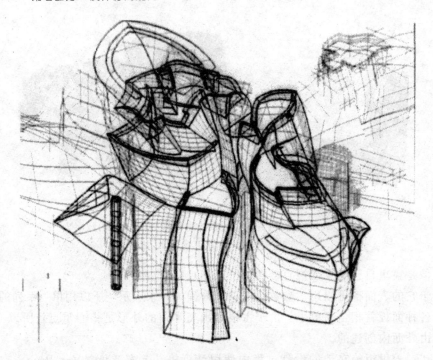

图 28.3　用于产生结构框架的 CAD 模型

接都是由 CAD 系统计算出来的（见图 28.4～图 28.12）。所以，在至关重要的线框模型中，每一个构件的大小和位置都是非常精确的。

在一些较早的项目中，盖里曾希望建立完整的三维计算机结构模型，但是无法找到可以满足要求的软件。Urssa 是西班牙的一家钢结构公司，他们使用原本为桥梁和高速公路建设而开发的软件，他们可以应用这些软件从盖里事务所输入线框模型，并将它们转换为全面的钢结构模型（见图 28.13～图 28.20）。通过这个结构模型，可以把它们转为二维的施工图，或者转为有关最终复杂的钢结构配置的计算机数控数据。结构分析软件确保了主结构几乎可以不需要在现场进行任何切割和焊接而建成。建造过程中的一个主要问题是每一块钢的放置，有时为了将钢构件放置到位而不得不重叠使用吊车。在毕尔巴鄂的经历之后，Urssa 和盖里都认识到，他们可以在计算机环境中对钢构件的放置进行检验，这样可以优化施工顺序，降低吊车方面的费用。

在建造期间，每一个结构构件都用条形码编号，并标出了和相邻结构层交接的节点。条形码在施工现场被扫描，这样可以把每一片结构构件的坐标都显示出来。CAD 模型也和激光勘测设备相连，以保证每一片构件相对于模型都被放置正确。这种建造形式与传统的建造形式有很大的反差，在传统方式中，次级结构一般是相对于主结构进行量度的，在这里，不管是主要结构还是次级结构，参照计算机模型来放置每一片结构构件，可以将误差的积累减到最低，并将现场的测量和切割任务减到最低。

为了检验电镀钢片是否可以不需要用扣子扣住就可以弯曲成复杂的曲面，同时也是为了检验接缝的误差，他们还创建了一些 1∶1 的实物模型。从这些实物模型中获得的信息被添加到了与 CAD 系统相联系的数据库中，这样，金属表面的施工变得更加合理

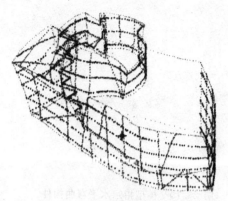

图 28.4　最初的数字化的模型

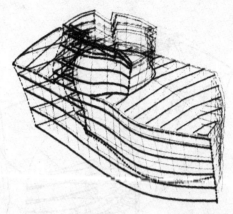

图 28.5　将点连接成线，表示面的边界

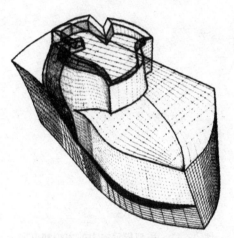

图 28.6　表面模型

图 28.7　用于校验的 CNC 模型

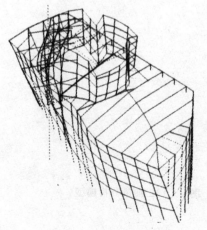

图 28.8　线框模型的细化

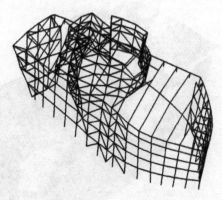

图 28.9　主结构构件

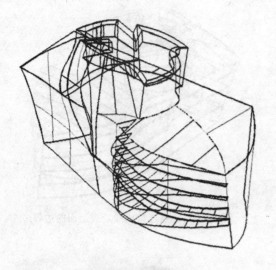

图 28.10　模型指示水平弯曲构件

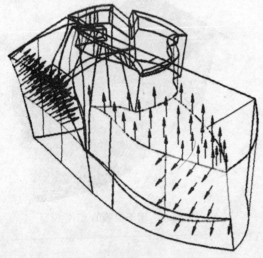

图 28.11　模型指示内力的大小和方向

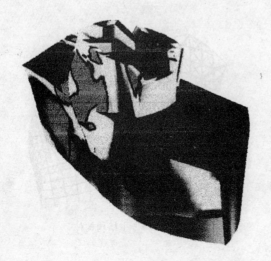

图 28.12　曲度分析模型

图 28.13　结构框架的线框模型

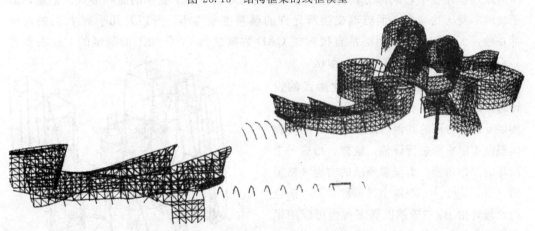

图 28.14　结构框架的线框模型

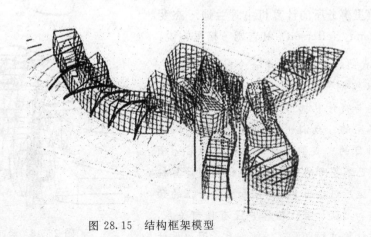

图 28.15　结构框架模型

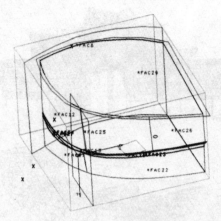

图 28.16　对各个面进行区分的表面模型

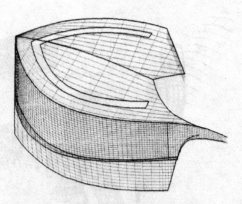

图 28.17　带有面层的表面模型

化。虽然建筑的形状很复杂，但是，它 80% 的外皮却是由四种标准金属板构成的。同样的原理也用在了玻璃部分，通过三角形分划的方法实现了复杂的曲线形式。但是，由于玻璃本身无法弯曲，而玻璃交接所允许的误差也非常小，所以，几乎有 70% 的玻璃都是独一无二的。石材面层是直接根据 CAD 数据进行 CNC 加工而割制的，这需要将一台三轴 CNC 机床设置于施工现场。

在盖里本人专心研究雕塑化形式的设计时，他的队伍在着手分析体积、表面、结构以及造价方面的其他可能性，修订的实物模型由盖里重新进行评估，这样，形成一个循环的工作过程。盖里事务所的吉姆·格里姆（Jim Glymph）把这个过程和常规方法进行比较时指出："毕尔巴鄂工程也可以用笔和直尺来绘制，但是那要耗费我们几十年的时间。"（范布吕根，1999 年）

盖里事务所的计算机主管兰迪·杰斐逊（Randy Jefferson）和吉姆·格里姆说：

"我们的想法是创建一个计算机过程，它可以控制几何形状和尺度以及工程存档，这与将计算机用于表现的概念相比是完全不同的。我们一点也没有将计算机用于那种目的。我们用计算机完成的第一项工作是巴塞罗那的那条鱼，我们使用计算机是为了适应极短的建造时间和非常紧张的预算，这和把设计呈现给客户没有任何关系，它和设计的过程也没有任何关系，因为设计

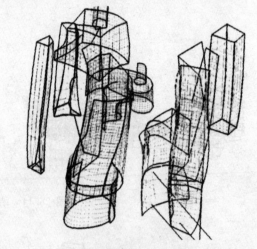

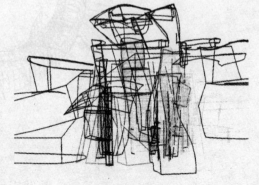

图 28.18　竖向元素

已经结束了。和其他建筑师使用计算机渲染和动画程序以便向客户表达设计意图不同，我们已开始超越这一阶段，所以，只有那些可以辅助制造商和建造商将工作做得更便宜和更高效的应用软件才会使我们感兴趣。这纯粹是一个练习，探讨如何执行已经存在的设计，这个项目在实际上并非建筑物，它是将我们引导到某种特殊的空间方法的设计。我们发现，制造商的确可以使用我们创作的信息，它比任何形式的传统文档都更加高效。"

"我相信，伴随着年轻人不断增长的计算机水平，在文化上将会发生完全的转变。

相对于在三维空间中做所有的事情，二维绘图的确是非常抽象的。但是出于习惯，建造业的规范通常都是二维的。随着各个层面的工作人员越来越懂得计算机，通过二维媒介的工作步骤有可能会被排除，同时排除的还会有许多浪费、许多错误、许多多余的操作。制造商和建造商采用这种想法快得令人惊讶，特别是在欧洲，许多钢铁生产制造商现在已经开始在三维中工作，这同样也发生在石材加工行业。"[赛拉（Zaera），1995年]

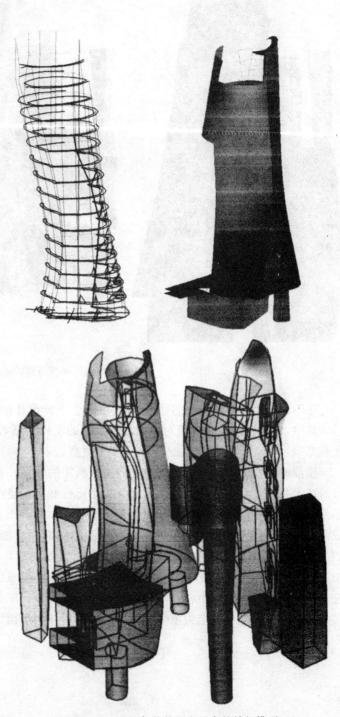

图 28.19 塔楼和其他竖向元素的精细模型

图 28.20　位于中央中庭空间的塔楼的渲染模型

　　在不到两年的时间里，盖里从用实物模型进行设计的即兴方法发展出新的工作过程，其中，强大的 CAD 环境对流动形式表达的支持扮演着核心的角色。通过三维数字化和 CNC 加工，实物模型融入了这个工作过程。

　　模型的曲线形式被直接转化为建造过程所需的数据，将流动的形式转化为经济上可行的技术条件，其最终结果是原先被认为不可行和无法建造的形式被建造了出来，由于基地状况，这些形式有时会变得更为复杂。图 28.21～图 28.29 显示了一系列 CAD 生成的模型，它们服务于各种各样的目的，如结构布局、面层规格、表面模型以及用于CNC 加工的模型。CNC 加工反过来生成新的实物模型，可以用于进一步的设计和分析。多样性的模型都是在一个一体化的 CAD 环境中生成的，一体化的 CAD 环境允许在同样的三维参考空间中各种可选描述的相互叠加。对于如此复杂的建模形式来说，直接在三维中建模绝对是至关重要的，施工所需的任何平面图和剖面图都可以从三维模型中照例生成。

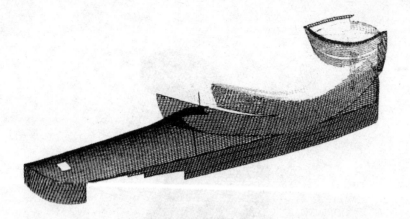

图 28.21　模型显示金属面层图案

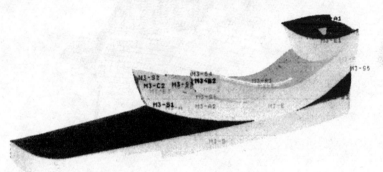

图 28.22　模型显示面元素

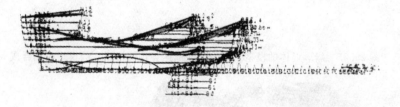

图 28.23　立面图显示结构框架

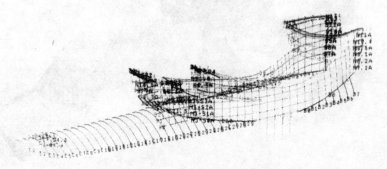

图 28.24　轴测图显示结构框架

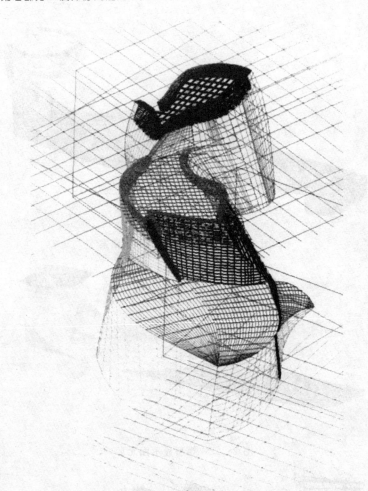

图 28.25 船形形体的模型，它由一些依据各自网格建立的模型片断合成

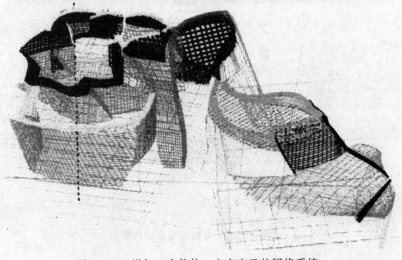

图 28.26 增加一个物体，它有自己的网格系统

在古根海姆美术馆设计中，盖里充分运用了 CAD 技术的"结构优化"（structural optimisation）方面的潜力（见第 3 章）。除了给每一个元素建模以外，在盖里的拓扑关系范围之内，还通过对最佳的构件形状进行分析和评价，与建造之间建立了联系。这种"形状优化"（shape optimisation）过程的一个重要的副产品是"分级优化"（sizing optimisation），它也会影响工程"造价"。这样，利用这些分析技术，在构思和建造建筑物过程中，相互分离的各个阶段和技术就完全融合了：它从最初的三维 CAD 表面模型和体块模型阶段，到钢框架和面层的装配模型阶段，并在依据 CAD 生成的信息进行建造的阶段达到顶点。如果没有应用这种全然不同的分析软件，古根海姆美术馆就不可能建成；只有使用一体化的 CAD，几何形式上如此复杂的建筑物才有可能顺利建成，无需昂贵的试验和错误。

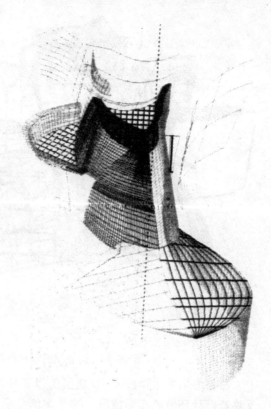

图 28.27　船形形体模型，显示一块块面板

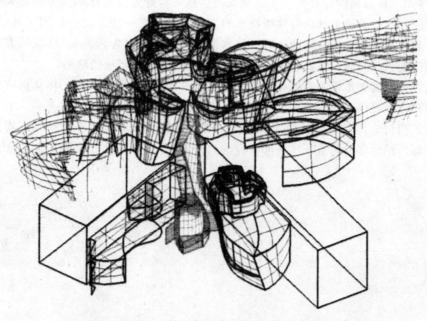

图 28.28　带有长方体轮廓线表示的相连部分的 CAD 模型

图 28.29　与盖里的最初草图有些相似的复合 CAD 模型

古根海姆美术馆的 CAD 建模工作和其背后的分析性设计意图是紧密相连的，密切反映着设计环境的实际情况。这个案例显示了当 CAD 应用于一体化的设计框架时它在创造上的可能性。CAD 的这种方法已从约定俗成系统的方法大大前进了一步，后者预先设定了物体的性质和结构，脱离并先于设计师对它们的描述。

新的 CAD 方面的计算机技术的发展使它越来越好地与设计单位密切相关的设计方法相呼应，这些单位正推动着这项技术的发展，我们在一些案例中提到了其中的一些。由设计领域本身而不是时髦的计算机技术指引，我们可以为新的 CAD 发展方向设想一个光明的前景，同时，我们也可以尽早地发现现有 CAD 环境的缺陷。

以古根海姆美术馆为首的一系列案例指出了使用 CAD 系统的一体化的方法，它可以对建筑设计提供全面的支持。从内容上讲，每一个案例呈现得都还算深入和全面。无论如何，当讨论到 CAD 软件的实际使用方法时，还可以相当具体和精确地看到这些特点。下面的结论部分将重新审视和探究与这种 CAD 的一体化方法相关的各种问题。

一体化 CAD

通过前面的案例可以看到，一体化 CAD 环境可以归纳出以下几个方面的特点。

• 适当的表现方法

每当一个设计师选择使用某个特定的 CAD 环境时，他也就把自己托付给了一个特定的、潜在的计算机"表现"方法，计算机表现方法将不可避免地影响 CAD 环境，以适应特定的设计任务。所以，例如一个将点作为基本元素的系统（大多数 CAD 系统都是如此）与将点定义为两条线的交点的系统（以线为基础的 CAD 环境允许用方程式方式来描述线，这样就可以做到参数化）就不会以相同方式运转；同样，后者和将点定义为三个平面交点的系统（以面为基础的系统）也不会相同。盖里选择使用了一个基于面的 CAD 环境是因为它可以支持古根海姆美术馆的形式中所需的那种三维扭曲。一旦选定了一个特定的 CAD 系统，如果它的表现方法适当，就可以为设计师提供有效的支持，使他们可以把心目中的设计任务和设计子任务表达出来。

• 全面的设计描述

设计信息要在设计过程中的不同阶段进行表达和描述，而一体化的 CAD 环境既能够支持设计信息的扩展，又可以按照设计师的要求对以这些信息为基础的应用任务和分析任务提供支持。

• 分析驱动

不同的设计单位发展了自己特殊类型的 CAD 模型，他们随着时间及要求的不同而变化。所以，需要能够将分析软件和他们的要求紧密结合起来。CAD 的分析功能必须满足当时的、设计师所限定的要求，并达到值得在软件上花费的水平。

• 支持循环式的设计发展

如本书第 2 章中所讨论的那样，设计的发展并不是呈线型的，其特点更趋向于循环式。这种循环式的特性是由许多因素决定的。在任何可能的分析标准之间都可能产生冲突和矛盾，例如，结构框架的位置和空间组织之间就会产生矛盾。按照给定的设计大纲进行的早期阶段的设计会导致方案限定条件的重新定义，同时还会伴随着与这些限定条件相关的其他参数的重新定义。虽然循环式的设计发展需要得到 CAD 系统的支持，但是实效也是不可或缺的重要因素，特别是与修改精细的 CAD 模型所耗费的精力相关时。

CAD 与建造的一体化

用通用数据交换格式可以进行基于计算机的信息交流，通过这种方法将 CAD 和建造结为一体正日益成为当今建筑实践的一个常见特征，它使设计信息可以高效地传输给厂家和建造商。例如，从古根海姆美术馆在 CAD 方面的工作中可以清楚地看到，通过美术馆设计生成的精确的生产坐标，设计师和承建单位之间进行了成功的互动。

和 CAD 与建造一体化有关的许多关键问题都围绕着能否将设计方案分解为各个部件，而每个部件都可以由专业的承建单位如基础、钢结构、楼电梯、外墙、设备等方面的专业公司进行建造。在传达有关部件的几何信息之外，与一体化有关的问题还包括部件的方向、位置以及与其他部件的关系和相邻状态。有些关系是由建筑规范决定的，它们需要由建筑师预先决定，但也有一些不是，承建单位往往需要完成对部件的详细描述。在滑铁卢车站工程中用于不同类型构架之间的连接杆件和斜撑就是这样的例子。对于建造过程中高效的计划安排来说，各部件之间的关系是特别重要的。

以预定义的构件和结构进行 CAD 建模的主要问题在于这些构件的空间布局。在这项工作中，了解 CAD 系统对物件放置的"限定"是至关重要的。现在，加工制造单位和设计师之间合作的进步使制造单位可以把带有限定条件的构件数据库提供给设计师。

有两种限定，它们常常被称作几何限定和工程限定。平行、垂直、相切、维度等都是几何限定。而另一方面，建造元素的限定将影响它们的自由度和公差值，因而也影响它们在现场的定位。

如果设计师直接使用三维设计环境而不是工作于离散的抽象手段（例如平面图和剖面图），一体化就会有很大的成功机会，后一种工作方法需要将离散的图纸组合在一起才能获得完整的设计图像。如果需要，平面和剖面信息可以作为三维 CAD 模型的副产品随时生成。

CAD 工程发展的多学科性

在建筑实践中,合作设计行为正日益成为一个重要特征。较大的、自上而下的设计单位的组织结构使具有不同水平的经验和技能的设计师可以在一起工作。这些设计单位的计算机工作由许多部分组成,包括建模和分析,另外还有数据库和文档处理。由于主要的设计决定一般是在设计的早期阶段作出的,这时,需要用不同的专业知识对各种方案进行分析比较,还需要对不同的方案的造价进行对比评估。通过 CAD 输入输出格式的标准化,现在可以将一些应用软件结合在一起,例如可以将处理建模、能量分析和造价的软件结为一体。

设计单位也开始在 CAD 建模环境和数据库系统之间成功建立起更高水平的一体化,后者包括处理数量表等等的数据库。现在,在建筑实践中,CAD 的作用已不仅限于三维视图的生产。以 CAD 建模的建筑元素和其他信息之间有着复杂的对照关系。现在,大多数的商业 CAD 环境都可以提供从无限数量的基地同时获取主要核心工程数据的手段。

应该鼓励设计师了解,现在已可以对广泛的设计方案进行描述,而无需依赖于计算机可视化和表现技术,例如常规的物体创建和转换、渲染和纹理贴图等技术。虽然在设计过程的核心阶段中这些表现技术是必要的,但更重要的仍然是要能够支持设计实践中发生的"行动中的反思",特别是在多学科的设计项目中。典型的多学科项目需要对设计形式的多重表达的支持,包括快速的手绘草图,它既可能是由多个设计师分别绘制的,也可能由设计团队中的几个成员共同绘制的。设计团队中各成员之间表达的交流变得比它们是如何产生的更为重要,特别是在项目的早期阶段。现在,对计算机支持合作(Computer Supported Co-operative Work,简称 CSCW)的应用在设计事务所中已越来越常见,虽然它在建筑中的应用潜力还没有被完全开发出来。

无论如何,现在有很多建筑学院的学生正认真参与使用互联网和网络技术的协作设计项目〔例如,苏黎世高等工业大学(ETH in Zurich)的 Phase X 项目〕,并且有很多设计单位正协同工作,他们互相交换文件,并在共享的数字模型中进行交互。

实物模型制作和计算机模型制作的关系

一些案例分析已经显示，有必要将最初草图中的设计意图在三维模型中再次试验，无论这个三维模型是实物的还是计算机的。实物建模仍然是直观上较为容易的工作媒介，这在港口表演艺术中心项目的案例中已经说明。贝尼施事务所将建筑取出一部分后通过图纸和模型对它再次进行非常精细的检查，他们在此方面成绩卓著。他们相信，建筑方案的每个部分都必须进行三维研究，为此，在设计的很早阶段，他们就开始使用大比例的模型和 1：1 的模型。无论如何，正如古根海姆美术馆案例所示，实物模型本身还为通过数字化过程构建 CAD 模型提供了一个中介，在数字化后，CAD 模型既可以用于分析性目的，也可以用于进一步的建模以及设计深化。无论是实物模型还是计算机模型，建模可以使我们对草图想法进行三维的评估。形式和设计理论方面的内容也可以被研究，如第 9 章中所描述的那样。从古根海姆美术馆案例可以看到，当建筑几何形式极端复杂时，CAD 模型比实物模型具有更大的优越性。

在实物建模和计算机建模的关系中，一些研究者观察到一种被称作"手工艺—设计—CAD 级数"（craft－design－CAD progression）（艾什，1992 年）的前进加速度现象。在传统的手工艺过程中，人们"直接操控"物体形式，在设计意图和物体形式之间进行交互。而三维 CAD 模型中操控技术的改进和发展意味着可以在设计意图和物体形式之间建立起比以往任何时候都更加紧密的联系。但是，如果 CAD 物体潜在的计算机表现方法没有相应的进步，操控技术本身也不可能有所发展。

CAD 系统正在开始可以提供新的技术环境，它们可以对一个设计方案的多重表现之间的相互协调提供支持。通过采用分析软件对各种方案进行评价，设计师可以专注于"形式生成"（form－giving）的过程。设计师和物体以及形式之间的直接交互曾经是通过对形式的动态操作来实现的，这是手工艺过程的一个可贵的特点，它在从手工艺向常规设计的进化过程中消失了，但是随着一体化的 CAD 系统的产生，它有可能得到恢复。

因而，与处理模型能力有关的 CAD 核心原理之一就是"对潜在表达方法的知晓"，换句话说，就是理解计算机表现中单位和结构是怎样连接在一起的，理解它们是如何与设计师理解的设计对象相呼应的。CAD 系统使用的信息表现方法将直接影响到获取和使用信息的能力。

对通常项目模式的参照

　　使用 CAD 系统的单用户方法一般不会反映出一个设计单位的结构，但是非常自然地，设计单位需要工作于同一个项目的方方面面的各个团队之间有着更为紧密的合作。建筑师、结构工程师、设备工程师、施工技术人员之间的合作要求互相之间可以看到彼此的图纸，其目的不仅是为了参考，更重要的是为了在自己的图层上工作时，可以通过其他的图层获得显性的几何参照，如各种捕捉点、交点交线等等。

　　现在，设计单位开始认识到多用户任务系统的重要性。这与一体化系统的想法非常符合，因为它可能让不同专业的用户（结构工程师、施工技术员等）可以同时使用同一个系统。然而，从单用户环境向多用户环境的转移带来了用户之间如何共享信息的问题，而从单机环境向多机环境的转移也带来了在网络中如何分配信息的问题，它们还伴随着多重访问、安全、优先权、许可等多种相关的计算机问题。多重用户多重访问的系统的开发似乎需要设计师在其思维过程中有一个概念上的跃进，从只考虑表述设计对象的图形对象，跨跃到对其他的表现方法也同样加以思考的境界。

　　设计意图应该被看作是设计思想的投射或反射，常常要求同时用多种方法对设计对象进行表现。到目前为止，对各种备选的设计概念模型进行多重表现仍然非常困难，所有这些模型都是真实世界的某种抽象，为了专注于设计任务的某些重要方面，它省略了各种细节。为不同设计任务而开发的模型也就省略了不同种类的细节。要建立适合于多项任务的模型，就需要明确各项任务对模型的要求。我希望这本书至少能使读者了解，在建筑设计具有各种分析领域的情况下，这种任务会是什么样的。

CAD 功能的用户定义

为了能够充分地应用 CAD 系统，设计师首先需要能够将 CAD 系统进行用户化，以适合他们的需要，适应他们的工作方法，其次，他们应更多地加入到计算机程序的开发之中。CAD 应用软件的计算机编程现在已不再是一项深奥的专业技能，这是因为可视界面的编程环境现在已非常普遍，这意味着用户必须学习的编程语言的语法数量已经越来越少，使得创建程序变得更为容易。但是，最终用户还确实需要懂得一些基本的编程概念，如条件、循环以及参数传递机制等。虽然仍然有许多编程语言可供选择，但是有一种趋势已变得越来越重要，这就是在 CAD 应用程序中使用面向对象技术。对于 CAD 系统，使用面向对象的编程环境有很多优点。

- CAD 系统中的图形物体可以非常自然地表达为接受信息并产生反馈的对象。
- 面向对象语言的强大的继承机制使物体的描述可以被反复使用，这样可以支持系统的发展，并使用户更易于针对特定的设计任务对应用软件进行用户化。
- 对象的交互式实例化和随后的对象实例的细化，使各种各样的设计方案可以在同一个 CAD 模型中并存。实例化机制不仅没有其他 CAD 系统因文件拷贝而产生的存储紧张问题，还有一种很重要的教学作用，因为它可以让设计学生和设计业者把设计探索的过程记录下来。

用户定义的任务描述，如在圣波尔滕音乐厅中使用的、用以确定交点的功能以及用以平移的功能，它们尽量被定义得具有通用性，并且相互之间相对独立。虽然这个特殊案例中的程序功能是以表处理语言（list processing language）实现的，但它和面向对象程序中的编程策略仍然是一致的。在面向对象编程中，需要定义"对象"的各种特定的"方法"。

用户定义的对象类型应该由设计师而不是由程序员来创建，因为设计师对设计项目自然会有更好的理解。然而，对于几乎没有什么编程经验的设计师来说，抽象数据类型的用户声明可能不是一件轻而易举的事情。类型的用户定义不可避免地要求用户必须懂得如何将类型和操作用于任务的描述。从教育的角度来看，有证据表明［施特赖希（Streich），1992 年］，将编程结合到建筑学课程中可以发展学生对 CAD 应用软件的批判态度，这样，他们就能够对已有的 CAD 系统的效力和局限进行更好的评价。

参数化表达产生的形式传播

本书非常关注的一个问题是 CAD 环境的表达力量。表达方面的进步的一个显像就是表达"参数化关系"的能力，这出现在好几个案例中，包括古根海姆美术馆，特别是圣家教堂。参数化的一个主要益处在于对曲面的描述，通过相当少的控制点可以高效地描述很大范围的曲面外形，然后可以由设计师修改控制点的位置以获得所需的形式。在这里非常有趣地注意到，在前面案例中，一些大型的 CAD 项目已经使用了面向机械工程领域而开发的参数设计软件。

滑铁卢车站案例说明，在不断修改局部描述时，复杂的 CAD 元素之间的重要关系必须能够被保持。通过参数化的表达方法，用户可以对决定 CAD 模型各部分之间尺度的各种关系进行表达。参数化设计使得关键的建筑元素可以按照参数化物体的"家族"进行组合。参数化的描述可以节约时间，加快以后对相关 CAD 物体进行修改的速度。一个参数化的物体定义的是一组物体，其中每一个的局部尺寸都各有不同。为了描述全部家族的物体，所需要的只是一个对物体各部分的拓扑描述，再加上对这些部分之间关系的描述。

另一个与建造业特别有关的潜在应用是"配置设计"（configuration design），它通常由一系列标准构件组成的集合构成，或由一系列重新设计或重赋功能的非标准形式构成。同样，对集合进行配置的一个至关重要的问题在于各部分之间的几何和空间关系的表达，另外，以抽象或不完整的几何形进行设计的能力仍然是重要的方面。这同样也是建筑设计中的一个公认的问题（沙拉帕伊，1988 年），支持局部几何描述的表现形式的有关研究现在已经开始（沙拉帕伊，1988 年）。

从 CAD 物体发展建筑形式

CAD 系统的用户应该知晓那些用来表现建筑形式的技术，因为对表现方法的选择将不可避免地影响到 CAD 模型的随后的行为，这些行为包括修改方法。这方面的一个例子是对泰拉尼的朱利亚尼·弗里杰里奥住宅（Terragni's Casa Giuliani Frigerio）的构成表达的研究［这也是彼得·艾森曼（Peter Eisenman）1971 年的博士论文主题］，这项研究采用了形状文法（shape grammer）的方式［弗莱明（Flemming），1981 年］。而艾森曼认为，这座建筑的立面产生于构成（由平面元素的集合而组成）和体积（由体积元素的加减而形成）的交替作用（卡内和沙拉帕伊，1992 年）。通常，形状是以几何（位置和尺寸）和拓扑（一组连接关系）方式定义的。在为建筑设计对象和空间组织建模时，许多选项都是由 CAD 系统的用户决定的，它们包括：

- 哪些形状属性是必须表达的？
- 模型应该使用二维半空间（见第三部分 CAD 物体）还是三维空间？
- 哪些几何限定需要被表达？
- 哪些近似形状可以采用？
- 如何可以将空间信息映射到非图形的设计信息，如何可以将非图形信息映射到空间信息？

使用 CAD 系统的方法应该始终能够反映作为系统用户的设计师的意图，例如，可能需要在对图纸的后期修改中使相交于一点的各条线之间保持同样的连接关系（沙拉帕伊，1988 年）。CAD 物体之间的关系的表达将会不可避免地影响到存贮信息的句法结构（沙拉帕伊，1984 年）。也就是说，在逻辑层面上，关系提供了信息的特殊视角，而当应用于物理层面时，它为特定的访问模式提供支持。所以，为了使设计师能够更好地理解模型中的设计方案，对 CAD 物体和 CAD 操作的选择和表达是非常关键的。

CAD 操作

当把建模过程看作是可以通过加、减、交等方法来塑造实体物体时，布尔操作就显得非常重要了。一组组的 CAD 物体可以由不同图层上的元素构成，而图层也可以将来自不同图层的元素构成的图块包含在内。分层在传统绘图中就已存在，但是分组则没有。分组一类的概念是计算机概念，它们影响设计师的设计方法。

当进行拉伸、扫描、放样等操作时，用户需要预先知道物体的控制性断面以及移动断面形成三维物体时所沿的轴。对于拉伸操作，轴总是和断面垂直的。扫描操作可以通过断面外形和局部轴心一起进行控制，扫描围绕着局部轴心进行。对于放样操作，断面本身的形状可以随着移动而变化，当断面移动的路径是曲线时，断面的间隔往往也是非常重要的。

一些建筑设计单位在 CAD 系统图层的标准化方面投入了大量的时间和精力。随着绘图的建立并逐渐变得复杂，以至于难以对它进行操作时，分层就开始出现了。当图纸很复杂时，读图就变得非常困难，要抓取到正确的部分也很难 [里尚（Richens），1989年]。在分层的图中，每一个图元都分配给某个图层，而图层可以被赋予不同的颜色，并且每个图层都可以分别打开或关闭。例如，文字说明、标注、图案填充都可以分别分配一个层，不需要时就可以将它关闭，所以，分层可以降低图纸的复杂程度，使视图的移动和缩放速度加快。

CAD 环境的连贯性将决定 CAD 操作的效力。例如，当工作于网格上而需要将一个 CAD 物体移到网格之外时，就必须首先重新定义网格，然后才能进行图形转换。和网格上工作有关的另一个常见问题是非正交网格的问题，一种典型的解决办法是将按照不同的正交网格将物体分开，然后将一个物体（和它相应的网格）在另一个物体上旋转，然而这个过程常常会导致错误的发生。对于细部来说，在一般平面图中的小小错误会变得非常重大。

如果没有参数化，在整个 CAD 模型中传播变化仍然十分困难。常常需要进一步调整相邻的物体，以适应刚刚用常规的系统操作修改的物体。

CAD 物体

在大多数基于计算机的建筑实践中，三维 CAD 模型都是以"多边形网面"（polygon mesh）定义的。多边形网面有时也称作"边界表达"（Boundary Representation，简称 B-Reps），这是因为定义多边形的顶点描述的是物体的边界或表面。许多（如果不是大多数）建筑模型都有一个共同的特点，它们往往由平坦表面组成。许多建筑师都工作于被称作二维半的模型，对于这种模型，平面是最重要的，三维物体可以通过拉伸二维多边形来形成。

在工程设计的一些领域，非常强调物体个体的建模，他们使用基于构成实体几何（Constructive Solid Geometry，简称 CSG）的 CAD 表现方式，建模是通过对球体、锥体、立方体等等的几何图元加以一系列的"全局"（global）布尔操作来进行的。在CSG 建模中，连续的布尔操作的历史构成了对一个物体的表达。CSG 建模非常耗费计算机资源，一般不在建筑中采用。用于建筑设计的基于 B‐Reps 的系统中常见的布尔操作并不把操作的历史记录作为物体表达的一部分，布尔运算只"局部"作用于物体的一部分，而不是全局性地作用于整个模型。

为自由形式或雕塑性表面建模的方法最初发展于 20 世纪 70 年代，当前使用的最先进的方法是 NURBS。目前，大多数的系统都结合 B‐Reps 和 CSG 这两个系统，或者将 B‐Reps 作为一个可以容纳多重表现的外壳。现在，虽然这些技术都是新的，但是令人感兴趣的仍然是它们在大规模的建筑项目中的应用，如古根海姆美术馆。对于表达自由形状的表面，使用 NURBS 这一类的参数化表面是非常理想的。

本书着力强调的是对设计的理解，它对于使用 CAD 或在 CAD 环境内进行工作来说是十分必要的。按照 CAD 的传统观点，设计方案的二维理解和三维理解总是分离的，所以设计师被建议去通过二维布局或描述来处理各种关系，否则，在三维模型中，这些布局关系将在某种程度上被隐藏或埋葬。于是，设计师必须将二维理解和具体的三维瞬象联系起来，例如和透视图联系起来。而当代 CAD 环境的发展已使我们能够以比以前大为直接的方式理解三维形式中的复杂关系，如果需要，通常理解的二维视图应该仍然可以加以利用。

CAD 建模和分析

在越来越早的设计阶段引入 CAD 工作意味着必须在建立成果模型之前建立用于分析的模型。分析模型是设计模型的抽象，也就是说，它们只须包含进行分析所必须的信息。例如，在能量分析中，建筑构造中的材料组成比建筑本身精确的几何形状更为重要，所以后者可以近似地以闭合的多面体来表示；而另一方面，在设计的理论分析如交通流线分析中，墙体的厚度就变得无关紧要，空间之间的拓扑关系则居于优先地位。在港口表演艺术中心项目的视线分析中，除了座位和反射面，其他所有元素都是无关紧要的。CAD 系统的用户必须能够在用于分析目的的抽象 CAD 模型和用于进一步发展设计的模型之间进行分辨。在主流 CAD 中，这些区分是通过拷贝文件、从把其他文件作为参考文件、分层来获得的。对于复杂的模型，使用命名的文件和命名的图层可能会很繁琐，如果命名是由别人来做的，对层名的约定会令人厌烦。我们所需要的是在多种层次表达 CAD 物体的能力，每种层次分别与分析或设计的不同方面相呼应。同样，面向对象技术提供了达到这个目的的方法，因为一个对象的每一个"视图"都构成了对象表现的一部分。

第 2 章和第 9 章中简短的案例演示了在广泛的专业领域中对分析过程的应用。例如，FEM 是一种常见的分析技术，在这个方法中，分析模型由小的但是互相连接的网面元素组成，通过它们可以进行分析性计算。这种方法可以用于能量分析、结构分析以及流体（液体或气体）分析，后者可以用来分析建筑的通风等方面。虽然 FEM 等正式方法已经存在了很长时间，但现在的计算机能力已相当快速，允许对不同的设计方案进行更快的评价。在过去，对特定设计方案的定量评估的重要性往往被夸大和过分强调，部分原因在于在这方面投入的大量精力。现在，它们正被多重的分析评价所取代。由于图形输出和可视化技术的进步，分析评价往往更加定性化，可以和不同专业的评价结果并置，这样就可以让设计师对这些结果进行直观评价，进而导致更好的设计方案的产生。

建筑设计中传统的 CAD 观点正在发生改变，这种观点的基本前提是认为不同设计任务可以进行"模块化"划分。设计任务一旦被确定，就可以通过软件的不同部分提供的特定手段对每项任务的特性进行分析。在过去的 CAD 中，一旦任务有所不同，如何重新将它们联系在一起以使任务的总和可以适用于特定的项目的问题就会出现。这种分离再重新整合的过程导致了大而笨重的、由一系列"模块"组成的 CAD 环境。

这种方法未加考虑的一点是，在对任务进行划分时，CAD 软件的开发者实际上是在"人的行为之间"进行划分。我们可以发现，设计师并不一定认可这些划分，在实践中也不会认同其效力。模块化的一个常见后果是在珍贵的核心化的计算机资源环境下 CAD 系统使用的理性化和标准化。

而另一方面，当今的 CAD 策略能够支持多种多样的建筑实践，这些建筑模式随着不同的时间和不同的要求而改变。当今的 CAD 功能必须满足设计师当时提出的要求，并使软件物有所值。现在一种兴起的 CAD 观点是让设计单位可以按照他们自己的要求，用低成本的计算机设施塑造分析性应用软件。实际上，一些设计单位现在正致力于建立起一体化的 CAD 系统。

本书所关注的是在 CAD 环境中对各种设计可能的表达，本书用一系列常用的技术和一些案例演示了不同背景、不同专业的设计师对 CAD 的不同应用。显然，当今的 CAD 系统已经将用户从"CAD 制图"模式的琐碎和乏味中解放出来，使他们可以用直觉的方法草绘新的想法、修改他们的设计。我们想要鼓励设计师在新的媒介中工作，它不同于传统的、规范性的 CAD 的设计过程，没有对尺寸的精确要求。在不同设计模式之间快速切换的能力可以支持设计师的创造性，使他们可以对许多设计方案进行快速的探索。所以，当今的 CAD 不再单单是设计之后的制图附件，而是一个综合的工作环境，从设计创作的早期一直到最终结果阶段均可使用。

本书的核心目标是展示当前 CAD 系统被设计师用于对设计信息建模和分析的各种方法，我力图描绘出一些重要的设计单位开发应用 CAD 技术的方法。我希望，通过当今建筑实践中 CAD 应用的展示，可以对意图发挥

CAD 角色的设计师和设计学生对 CAD 的理解产生积极的影响。我也试图呈现在设计方案中支持设计调节所需的一般功能，以及从最初的设计方案一直作用到对特殊部分及特征进行分析控制并指导设计进展的 CAD 语言。

在建筑 CAD 中，抽象的技术问题不可能脱离设计实践中出现的具体问题，需要在技术发展和实际设计项目之间建立起重要的联系。作为一名建筑学院的研究者和教师，我感觉到，对于学生来说，需要了解其他领域的技术和表现方法是如何不断地影响设计实践的，这一点非常重要。我希望，这可以使设计学生不只成为从别的领域传来的技术的使用者。本书还关注于可能在设计师之间发生的用户互动以及可以由计算机执行的过程。无论如何，设计师永远是检验机器行为的仲裁者。

CAD 专业术语

Addition 加

一种布尔操作，当两个物体交接时，合并相交的部分，形成一个物体。

Analysis 分析

设计方案形式方面的评价，它需要一种简化的方式来表达设计的某个特定方面。

Attribute 属性

图形的某种特性或特征，例如颜色。也可以有非图形的属性，如造价。

Bezier 贝塞尔曲线

一种带有控制点的曲线，控制点与曲线相离，沿切线方向向控制点拉动曲线。

Bitmap 位图

一系列网格点，包含了在计算机屏幕上显示二维图像所需的信息。

Block 块，体块

一个二维或三维区域，通常是矩形或长方体，包含着一组物体。在其他 CAD 系统中也常常称作符号。

Boolean operation 布尔操作

在两个二维或三维物体间进行的操作，如加、减、交等，最终生成一个新的物体。

B-Spline B 样条

一种带有控制点的曲线，控制点与曲线相离。它比贝塞尔曲线有更强的局部控制。

Clipping 裁剪

一种删除不需要的物体的方法，所选的图形物体被裁剪物切除。

CNC

计算机数控（computer numerically controlled）的缩写。

Curve 曲线

在 CAD 系统中，典型的曲线形式有圆、弧、椭圆、贝塞尔曲线、样条、B 样条等。

Cut 剪切

删除 CAD 模型的一部分。它可以是临时性的，可以随后粘贴在其他地方。也可以是永久性的，如用布尔操作进行剪切。

Class 类

在 CAD 模型中按类型对物体进行划分的通用方法，这样可以在诸如面向对象的系统中组织 CAD 模型。

Cone 圆锥

围绕直角边将一个直角三角形旋转扫描 360° 形成的面或体。

Conic section 圆锥截面

圆、椭圆、抛物线、双曲线的总称，因为这些曲线都可以用平面切割圆锥获得。

Conoid 劈锥

围绕一根垂直的轴线扫描一根椭圆线、双曲线或抛物线形成的面或体。

Copy 复制

在粘贴到别处之前，对图形物体制作副本。原有物体保持不变。

Constraint 约束

对 CAD 操作的某种限定，例如，绘制与现有线条平行的直线、抓取网格点或抓取物体的顶点等。

Control Point 控制点

与贝塞尔曲线或 B 样条等曲线有关的点，它并不属于曲线本身，可以操纵它们来控制曲线的形状。

Cuboid 长方体

三维物体，有六个矩形面。一般可以通过拉

伸一个矩形而形成。

Database 数据库

文件中的一组数据，由记录（行）、字段（列）构成，具有搜索或排序等功能。

Dimension 标注

CAD 物体的一种属性，标明其长度、高度、厚度等。

Ellipse 椭圆

一种圆锥截曲，可以通过一个平面在圆锥底面以上切割圆锥而形成。

Ellipsoid 椭球

一个椭圆围绕它的某个轴扫描而形成的面或体。

Expression 表达

设计思想的某个方面的显像，其形式是带有结构和功能的物体。表达需要采用一定的媒介，如 CAD 环境等。

Extrusion 拉伸

生成三维物体的一种常用方法，通过在三维空间中移动二维横截面来生成三维物体。

File 文件

存贮的基本单位，具有名称和类别信息。文件可以被编辑、保存、删除，或者发送给用户或设备。

Fractal 碎片形

一种不规则形状，各部分都具有与整个物体相同的特性，常常用于景观等自然物体的建模。

Geometry 几何

决定 CAD 物体形状的特征，如点、线、角度等构造特性。

Grid 网格

一组相交的线，常常（而不是必须）是直角相交。

Grouping 组合

形成一组物体，使它们像一个物体一样，可以一起移动。

GUI 图形用户界面

一种环境，用户可以通过点击图标或选择菜单来发出命令。

Hidden line 隐线

当 CAD 物体以实体而不是线框模型进行渲染时，模型中将被隐藏的线。

Hyperbolic paraboloid 双曲抛物面

将一根抛物线沿另一根抛物线进行扫描形成的二次曲面，它的横截面为双曲线。用直纹曲面方式构造。

Hyperboloid 抛物面

扫描一根双曲线或沿着一根偏移的轴线扫描一根倾斜的直线形成的二次曲面。用直纹曲面方式构造。

Icon 图标

表示一个命令的一个小图像。

Image 图像

二维图画，通常存贮的格式有 PICT、TIFF、GIF、JPEG 等。

Integrated CAD 一体化 CAD

一种为设计项目建模的策略，所有建模和分析功能均存在于同样的环境。

Intersect 交

两个物体之间的一种布尔操作，其结果是保留两个物体共同的区域或体现。

Intersection 交点，交集

两条线相遇的点，或布尔交操作的结果。

Knowledge Base 知识库

在设计专业领域使用的数据库，它基于以下前提：知识可以从人那里提取出来并置入计算机。

Layer 层

一种组织 CAD 信息的方法，通常是把物体与建筑楼层或它在建筑设计中的功能进行关联来组织信息。

Lofting 放样

通过将横截面沿着用户定义的路径进行扫描
而生成三维面或体的方法。

Line　线

一种基本的 CAD 物体，具有长度、宽度、颜
色、线型、端点、坐标等属性。

Mesh　网面

用线和点表示三维物体的一种方法。临时将
体转化为网面，可以修改三维物体的形状。

Model　模型

物体的一种三维表示方法，由体、面、线组
成，各有可以更改的属性和关系。

Modify　修改

增减物体的某些部分，或者改变它们的某些
属性。

Move　移动

将一个 CAD 物体，从一处转换到另一处，并
把原处的删除。

NURBS　非统一有理 B 样条

一种用加权控制点进行表面建模的表示方法。

Object-orienied　面向对象

封装了物体的属性和功能而对物体进行描述
的系统；可以通过实例化生成新的物体，还
可以从其他物体那里继承属性。

Operation　操作

基本的 CAD 系统功能。

Orthogonal　正交的

直角的，垂直的。

Orthogonal projection　正投影

三维模型的一种二维视图，由通过三维模型
点的垂线端点形成。例如平面图、立面图等。

Paste　粘贴

将从一处剪切或复制的图形物体放到另一处。

Paraboloid　抛物面

围绕抛物线中轴扫描抛物线形成的二次曲面。

Parallel　平行

限定沿选取的线的相同方向绘制线条或物体

边界，与选取的线不相交。它可以是参数化
物体的一种属性。

Parallelpiped　平行六面体

一种六边棱柱，它所有的面都是平行四边形。

Parametric　参数的

如果一个 CAD 物体的几何属性互相关联或与
其他物体的属性关联，那么它就被称作参
数的。

Perspective Projection　透视投影

一种三维模型视图，在其中，物体离开视点
越远则它的高度就越小。

Pixel　像素

图像元素（Picture element）的简称。网格点
形成了计算机屏幕图像。屏幕像素的总数叫做
分辨率。

Plane　平面

平的面，上面可以绘制任何方向的直线。

Polyhedron　多面体

具有平面表面的体，通常通过拉伸多边形
形成。

Polygon　多边形

一种二维的封闭的形状，它的边都是直线。

Prescriptive　约定俗成

一种 CAD 系统的特征，编写系统时常以并不
适宜的方法预设了设计对象模型的行为。

Programming　编程

应用计算机语言定义运算法则以创建计算机
程序。运算法则是指一系列进行特定任务的
指令。

Projection　投影

将三维模型中的点向平面映射。如正投影、
透视投影、轴测投影、平行投影、斜向投
影等。

Raster　光栅

由水平像素线条构成的矩形阵列。

Relative Co-ordinates　相对坐标

通过与给定的起始点的距离来定义的坐标。绝对坐标是从原点进行量度的。

Rendering　渲染

CAD 模型的一种表现方法，通常包括色彩、肌理、光线等的运用，它给予模型一种真实的外观。

Rotate　旋转

沿着一点将一个物体转动某个角度。

Scale　缩放

扩大或缩小图形物体的尺寸。

Section　截面，段

以平面切割三维模型生成的结果，它可以是新的三维模型，或者是一个二维图形。

Snapping　捕捉

一种约束绘图操作的方法，可以锁定在预定义的网格点上，或者锁定于已有 CAD 物体的端点。

Sphere　球体

一种三维物体，可以通过围绕直径扫描一个半圆而形成。

Spline　样条

通过一系列基于多项式方程的点的平滑曲线。

Spreadsheet　电子表格

由行、列的数据（数字或文字）构成的表格，这些数据可以从 CAD 物体属性数据中获得，或通过公式计算来获得。

Subtraction　减

一种布尔操作，将一个物体从另一个物体中减掉。

Surface　面

一种三维物体，通过沿着一根轴线扫描一根直线或曲线而形成。它常常是体积的边界。

Sweep　扫描

从二维物体生成三维物体的方法，通过围绕一根轴线旋转一个二维物体来生成三维物体。

Symbol　符号

在 CAD 模型中重复使用的一组 CAD 物体可以存储为一个符号，在需要时可以编辑插入到模型中。

Tangent　切线

与曲线有一个接触点的线。

Tolerace　公差

为 CAD 物体定位、量度或标注的精度。

Topology　拓扑

CAD 物体发生转换时所保持的属性，特别是各部分之间的连接关系。

Torus　圆环

类似戒指形状的面或体，一个圆沿着一条圆形路径扫描可以形成一个圆环。

Toroid　环

一条封闭曲线沿着一条路径扫描生成的面或体。

Translate　平移

同移动（move）操作。

Transform　转换

用某种方法修改一个 CAD 物体，通常是改变它的几何形状或拓扑关系。

Type　类型

一组共有类似特征的物体。

Typology　类型学

关于类型的学问。

User definition　用户定义

用户可以描述 CAD 物体的属性、功能和行为的一种方法，它区别于内建的系统定义。

Vector　矢量

从起点到终点以一定方向绘制的线。二维图像可以表示成矢量，而不用光栅表示。

View　视图

从特定视点获取的三维模型的图像。

Visualisation　可视化

设计想法的图形化表达。

Virtual reality 虚拟现实

使用外围用户输入设备，通过计算机建模渲染对自然现象进行模拟而生成的具有真实感的幻象。

Volume 体积

一个三维 CAD 物体。

Wire-frame 线框

用三维空间中的线来表达三维 CAD 模型。

国外高等院校建筑学专业教材

建筑经典读本（中文导读版）
[美] 杰伊·M.斯坦 肯特·F.斯普雷克尔迈耶 编
ISBN 978-7-5130-1347-5 16开 532页 定价：68元

本书精选了建筑中，特别是现代建筑中最经典的理论和实践论著，撷取其中的精华部分编辑成36个读本，全面涵盖了从建筑历史和理论、建筑文脉到建筑过程的方方面面，每个读本又配以中英文的导读介绍了每本书的背景和价值。

建筑CAD设计方略——建筑建模与分析原理
[英] 彼得·沙拉帕伊 著 吉国华 译
ISBN 978-7-5130-1257-7 16开 220页 定价：33元

本书旨在帮助设计专业的学生和设计人员理解CAD是如何应用于建筑实践之中的。作者将常见CAD系统中的基本操作与建筑设计项目实践中的应用相联系，并且用插图的形式展示了CAD在几个前沿建筑设计项目之中的应用。

建筑平面及剖面表现方法 原书第二版
[美] 托马斯·C.王 著 何华 译
ISBN 978-7-5130-1259-1 横16开 156页 定价：32元

本书不仅展示了大量的平面图和剖面图成果，更强调了平面图和剖面图绘制中"为什么这样做"和"怎样做"等问题。除了探讨绘图的基本技巧外，本书也讲述了一些在绘图中如何进行取舍的诀窍，并辩证地讨论了计算机绘图的利与弊。

建筑设计方略——形式的分析 原书第二版
[英] 若弗雷·H.巴克 著 王玮 张宝林 王丽娟 译
ISBN 978-7-5130-1262-1 横16开 336页 定价：45元

本书运用形式分析的方法，分析了建筑展现与建筑的实现过程。第一部分在一个从几何学到象征主义很广的范围内讨论了建筑的性质和作用；第二部分通过引述和列举现代建筑大师——如阿尔托、迈耶和斯特林——的作品，论证了分析的方法。书中图解详尽，为读者更深入地理解建筑提供了帮助。

建筑初步 原书第二版
[美] 爱德华·艾伦 著 戴维·斯沃博达 爱德华·艾伦 绘图 刘晓光 王丽华 林冠兴 译
ISBN 978-7-5130-1068-9 16开 232页 定价：38元

本书总结了作者60多座楼房的设计经验，通过简单的非技术性语言及生动的图画，抛开复杂的数学运算，详细讲述了建筑的功能、建筑工作的基本原理以及建筑与人之间的关系，有效地帮助人们深刻了解诸多建筑基本概念，展示了丰富的建筑文化和生动的建筑生命力。

建筑视觉原理——基于建筑概念的视觉思考
[美] 内森·B.温特斯 著 李园 王华敏 译
ISBN 978-7-5130-1256-0 横16开 272页 定价：38元

本书是国内少见的启发式教材，着重于视觉思维能力的培养，对70余个重要概念作了生动的阐述，并配以紧密结合实际的多样化习题，是对建筑视觉教育的有益探索。本书曾荣获美国"历史遗产保护荣誉奖"。

建筑结构原理
[英] 马尔科姆·米莱 著 童丽萍 陈治业 译
ISBN 978-7-5130-1261-4 16开 304页 定价：45元

本书试图通过建立一种概念体系，使任何一种建筑结构原理都能够容易被人理解。在由浅入深的探索过程中，建筑结构概念体系通过生动的描述和简单的图形而非数学概念得以建立，由此，复杂的结构设计过程变得十分清晰。

解析建筑
[英] 西蒙·昂温 著 伍江 谢建军 译
ISBN 978-7-5130-1260-7 16开 204页 定价：35元

本书为建筑技法提供了一份独特的"笔记"，通篇贯穿着精辟的草图解析，所选实例跨越整部建筑史，从年代久远的原始场所到新近的20世纪现代建筑，以阐明大量的分析性主题，进而论述如何将图解剖析运用于建筑研究中。

学生作品集的设计和制作 原书第三版
[美] 哈罗德·林顿 编著 柴援援 译
ISBN 7-80198-600-8 16开 188页 定价：39元

本书介绍了学生在设计和制作作品集时遇到的各类问题，通过300个实例全面展示了最新的学生和专业人士的作品集，图示了各式各样的平面设计，示范了如何设计和制作一个优秀的作品集，并增录了关于时下作品集的数字化和多媒体化趋势的基本内容。

结构与建筑 原书第二版
[英] 安格斯·J.麦克唐纳 著 陈治业 童丽萍 译
ISBN 978-7-5130-1258-4 16开 144页 定价：26元

本书以当代的和历史上的建筑实例，详细讲述了结构的形式与特点，讨论了建筑形式与结构工程之间的关系，并将建筑设计中的结构部分在建筑视觉和风格范畴内予以阐述，使读者了解建筑结构如何发挥功能；同时，还给出了工程师研究荷载、材料和结构而建立起的数学模型，并将他们与建筑物的关系进行了概念化连接。